中国绿色公路发展报告

中国公路学会
交通运输部公路科学研究院 ◎组织编写

中国林业出版社

图书在版编目（CIP）数据

中国绿色公路发展报告 / 中国公路学会，交通运输部公路科学研究院组编. --北京：中国林业出版社，2022.11
ISBN 978-7-5219-1941-7

Ⅰ.①中… Ⅱ.①中… ②交… Ⅲ.①道路工程－研究报告－中国 Ⅳ.①U41

中国版本图书馆CIP数据核字(2022)第202893号

策划编辑：李　顺
责任编辑：李　顺
责任校对：薛瑞琦
封面设计：视美藝術設計

出版：中国林业出版社
　　　（100009，北京市西城区刘海胡同7号，电话83223120）
电子邮箱：cfphzbs@163.com
网址：www.forestry.gov.cn/lycb.html
印刷：河北京平诚乾印刷有限公司
版次：2022年11月第1版
印次：2022年11月第1次
开本：889mm×1194mm　1/16
印张：12.75
字数：250千字
定价：128.00元

编纂委员会

主　任
梅　君　何　勇

副主任
黄成造　李柏殿　韩富庆　楼慧钧
吕大伟　夏承明　黄少雄

主　编
邵社刚　王　丹　王　娜

副主编
刘志强　王赵明　张钱松　王　超　贾培莹　魏显威

编　委
朱雅峰　夏立爽　王　璜　刘晓霏　齐亚楠　梅晓亮
强蓉蓉　李晓路　梁天闻　李　刚　王　健　王玉文
尚晓东　张　东　马建荣　黄述芳　黄森炎　刘　明
樊开盼　张　琦　韩玉香

序

习近平总书记在党的二十大报告中强调，要推动绿色发展，促进人与自然和谐共生，必须牢固树立和践行"绿水青山就是金山银山"的理念，站在人与自然和谐共生的高度谋划发展。要加快发展方式绿色转型，深入推进环境污染防治，提升生态系统多样性、稳定性、持续性，积极稳妥推进碳达峰碳中和。习近平生态文明思想是习近平新时代中国特色社会主义思想的重要组成部分，是新时代我国交通运输行业发展的行动指南。

绿色交通是行业加强生态文明建设和推动可持续发展的战略目标，是加快建设交通强国的关键任务，是建设美丽中国的重要领域。2021年，《中共中央 国务院 关于完整准确全面贯彻新发展理念做好碳达峰碳中和工作的意见》发布，国务院印发《2030年前碳达峰行动方案》，交通运输部印发《绿色交通"十四五"发展规划》，新的总体部署和系统规划对我国加快低碳交通运输体系建设、推进交通运输绿色低碳行动提出了更高的要求。

自交通运输部印发了《关于实施绿色公路建设的指导意见》，并在全国启动了三批33个绿色公路典型示范工程建设，我国交通运输业掀起了新时代绿色公路建设高潮。本书总结梳理了绿色公路典型示范工程建设实践以及各省（自治区、直辖市）绿色公路建设主要经验及做法，从绿色公路发展现状、政策引领、理念创新、技术创新、管理创新、典型示范、标准规范等方面，对绿色公路建设进行全面的阐释。内容丰富，针对性与应用性较强，可以为全国绿色公路建设提供技术参考和管理借鉴。期待广大交通工程建设者继往开来，实践探索，涌现出更多绿色公路发展的经验，让绿色发展在公路建设领域持续焕发勃勃生机，为新时代交通强国建设赋能加力。

交通运输部原副部长
第十三届全国人大常委会委员
中国公路学会理事长

目 录

序

第一章　绪　论 ... 001
　　一、绿色公路的内涵 ... 002
　　二、绿色公路的特征 ... 002
　　三、绿色公路建设发展历程 ... 004
　　四、绿色公路发展面临的机遇和挑战 ... 014
　　五、绿色公路发展展望 ... 016

第二章　发展现状 ... 019
　　一、建设类型多元化 ... 020
　　二、多方参与、共建共享 ... 020
　　三、绿色公路全寿命建设理念深入人心 ... 020
　　四、绿色公路"四新"技术研发及应用走向成熟 ... 021
　　五、管理模式提档升级明显 ... 021
　　六、绿色宣传广泛开展 ... 021

第三章　政策引领 ... 022
　　一、近期国家战略规划 ... 024
　　二、近期政策制度体系 ... 025
　　三、近期交通行业领域 ... 026

第四章　理念创新 · · · · · · 029
一、创新——绿色公路高质量发展的重要发展动力 · · · · · · 030
二、协调——绿色公路引领平衡发展的重要保障 · · · · · · 031
三、绿色——绿色公路引领人与自然和谐发展的核心内涵 · · · · · · 032
四、开放——绿色公路完善发展的必由之路 · · · · · · 032
五、共享——绿色公路促进共同富裕的必然落点 · · · · · · 033

第五章　技术创新 · · · · · · 035
一、资源节约 · · · · · · 036
二、生态保护 · · · · · · 050
三、污染防治 · · · · · · 060
四、节能降碳 · · · · · · 067
五、服务提升 · · · · · · 075

第六章　管理创新 · · · · · · 087
一、精细化管理 · · · · · · 088
二、智慧化管理 · · · · · · 092
三、标准化管理 · · · · · · 094
四、制度创新 · · · · · · 098

第七章　典型示范 ·· 101
　　一、广东省绿色公路建设 ··· 102
　　二、浙江千黄高速绿色公路 ··· 132
　　三、江西广吉高速绿色公路 ··· 151
　　四、福建莆炎高速绿色公路 ··· 166

第八章　标准规范 ·· 175
　　一、基础通用标准 ··· 176
　　二、节能降碳标准 ··· 177
　　三、污染防治标准 ··· 182
　　四、生态环境保护修复标准 ··· 184
　　五、资源节约集约利用标准 ··· 188

第一章 绪论

一、绿色公路的内涵

绿色公路的提出源于绿色建造，绿色建造在国外被称为可持续建造，是指"以人为本"，建设方便、快捷、安全、高效率、低公害、有利于生态和环境保护的多元化城市交通系统，促进城市的可持续发展。绿色公路作为绿色交通的子概念，是指与交通系统中其他因素（车、人等）以及交通系统外诸因素具有和谐关系的公路。总体而言，绿色交通中的绿色公路建设就是在绿色理念的指导下，运用绿色技术，在公路建设过程的施工和运营阶段均能达到经济效益和环境效益和谐的可持续发展，它将绿色理念渗透到公路建设的计划编制、可行性研究、设计、建设、维护和管理等各个建设与管理环节。绿色公路的提出不仅有利于公路规划、设计、施工及运营维护各阶段环境建设，而且将降低成本，有利于资源优化配置。

广义上来讲，绿色公路是一个新理念，是以绿色发展理念为引领，以生态良好保护、污染有效控制、资源能源节约集约使用等为目标，基于可持续发展、循环经济等理论构建的，能高效、安全、舒适运行的公路运输体系。聚焦到公路建设本身，绿色公路建设是按照系统论方法，在公路全寿命周期内，统筹公路建设品质、资源利用、能源耗用、污染排放、生态影响和运行效率之间的关系，统筹公路规划、设计、建设、运营、管理全过程，以最少的资源占用、最小的能源耗用、最低的污染排放、最轻的环境影响，获得最优的建设品质和最高的运行效率，实现外部刚性约束与公路内在供给之间最大限度均衡的公路建设工程。

与传统公路相比，绿色公路在内涵上有3个转变，一是从侧重公路的功能因素、强调经济效益的传统建设思想，转变为整体考虑区域经济、环境、社会综合系统的可持续发展思想。二是从单纯注重公路经济合理性、技术可行性的简单评价方法转变为综合经济、节能、环保、景观、可持续发展的多目标评价体系。三是从重视当前利益关注代内公平转变为注重保护生态环境、降低能源成本、促进材料循环利用关注长远利益，统筹代际、代内公平。

二、绿色公路的特征

绿色公路建设理念的核心是以满足人的多元化需求为出发点和落脚点，促进人与自然和谐共生。具体包括以下5个方面的特征（图1-1）。

（一）全寿命周期

绿色公路发展要涵盖决策、规划、设计、施工、运营、养护、运输、管理等各环节，强调全寿命周期统筹考虑。在路线总体方案比选过程中，均综合考虑建、管、养一体化，将项目的营运成本、养护便利性、社会通行成本、对耕地的占用等作为决策的重要依据。

（二）全领域

绿色公路发展要涵盖资源节约、节能减排、污染控制、生态友好、顺畅高效、舒适美观等各方面。在技术方案决策过程中，充分考虑全领域的绿色公路建设需求，对方案的资源占用、废弃材料的重复利用、施工过程的节能及污染控制、施工完成后的边坡及便道复绿等均要明确相关要求。

（三）全要素

绿色公路发展要包含道路本身与其所在的社会及自然环境内各相关要素，包括土地、能源、材料、大气、水环境、声环境等。要在建设过程中综合考虑各方面要素，将"节能、高效、环保、健康"的绿色要求贯彻到公路建设设计施工全过程。

（四）全方位

全方位控制要求绿色公路除了主体工程建设和维护要全面运用绿色理念与技术外，还要为绿色运输、安全运营创造必要条件。要将运营安全贯穿项目全过程，不仅在勘察设计阶段开展设计安全性评价，还要求项目在通车前进行交工验收阶段的安全性评价，部分项目结合运营现状开展运营安全性评价，以安全促绿色，以绿色保安全。

（五）全视域

绿色公路的发展不仅要保证内在的绿色，还要保证呈现的建设效果、视域范围内的全绿色，提高公众的直观认可度。为此，要以"科学规划、精心设计、同步实施、全面营造"的实施原则，推动项目的微地形景观打造，重点对路堑上边坡、路堤下边坡、路侧、主线中分带、隧道、桥梁、互通立交区、服务区及停车区、管理中心、房建工程十大工点的微地形景观进行差异化营造。

图1-1 绿色公路特征示意图

绿色公路的建设应坚持以下基本原则：

①可持续发展原则。高度重视公路、环境、社会等各方面、各要素的关系，提高资源和能源利用率，发挥公路先导性和基础性作用，实现在发展中保护、在保护中发展。

②统筹协调原则。统筹公路规划、设计、建设、运营、管理、服务全过程，强调均衡协调，

突出建、管、养、运并重，降低全寿命周期成本。

③创新驱动原则。大力推动理念创新、技术创新、管理创新和制度创新，强化创新的驱动与支撑作用，为公路建设注入强大动力。

④因地制宜原则。准确把握区域环境和工程特点，明确项目定位，确定突破方向，开展有特色、有亮点、有品位的工程设计，因地制宜建设绿色公路。

三、绿色公路建设发展历程

1988年，交通部《关于印发和实施107国道GBM工程实施标准（试行）的通知》决定，在107国道率先实施公路标准化、美化建设工程（简称"GBM工程"），对国道养护管理提出了"畅、洁、绿、美和管理规范化"的要求。从某种意义上来讲，GBM工程可以视为绿色公路建设的雏形，其主要任务为公路养护管理的标准化与美化建设。随着以高速公路为代表的公路基础设施建设飞速发展，自2003年起，我国公路建设在实践过程中，不断探索和总结发展理念，坚持试点先行、示范引领，加强新技术、新工艺、新材料及新装备"四新"技术的研发与创新应用，公路建设理念不断提升，技术水平不断提高，建造能力不断进步，在不同的历史时期先后建成了一批代表性工程，为深化绿色公路建设奠定了坚实基础。

（一）新理念公路建设时期（2003—2006年）

这一时期为绿色公路建设的起步阶段，交通部组织实施了公路勘察设计新理念提升行动和公路工程建设管理"五化"活动，以生态环保为核心的公路建设新理念深入人心，建成一批以四川川九公路、云南思小高速公路、江西景婺黄高速公路等为代表的山区旅游公路和生态公路。

1. 公路勘察设计新理念提升行动

2003年9月，交通部按照"安全、舒适、环保、示范"方针，联合四川省组织实施了四川省川（主寺）九（寨沟）公路（简称"川九路"）示范工程建设，通过借鉴国外先进经验，转变设计理念，实现了公路建设与自然环境、人文环境的和谐统一，成为我国环保公路建设的开端标志（图1-2）。川九公路建设过程中，形成了"不破坏是最大的保护""设计上最大限度的保护生态，施工中最小程度的破坏生态和最大力度的恢复生态"等山区旅游公路建设新理念。

图1-2 四川川（主寺）九（寨沟）公路

2004年，全国公路勘察设计工作会议提出了"六个坚持、六个树立"的公路勘察设计新理念，即"坚持以人为本，树立安全至上的理念；坚持人与自然相和谐，树立尊重自然，保护环境的理念；坚持可持续发展，树立节约资源的理念；坚持质量第一，树立让公众满意的理念；坚持合理选用技术指标，树立设计创作的理念；坚持系统论的思想，树立全寿命周期成本的理念"，成为公路建设科学发展的有力抓手。同年，交通部《关于开展公路勘察设计典型示范工程活动的通知》决定，在全国开展以提升设计理念与质量为主题的公路勘察设计典型示范工程活动，江西省景婺黄高速公路江西段、云南省小勐养至磨憨二级公路、吉林省环长白山二级公路等6个项目确定为部省联合组织实施的典型示范工程，湖南省吉首至茶洞高速公路、湖北省恩施至利川高速公路、贵州省贵阳至遵义公路改扩建工程等6个项目确定为省级交通主管部门负责组织实施的典型示范工程。2005年、2007年，交通部在全国先后选定了两批共40个示范项目，编纂出版了《新理念公路设计指南》《降低造价公路设计指南》，组织修订了《公路工程基本建设项目基本文件编制办法》《公路工程基本建设项目设计文件件图表示例》，勘察设计新理念拓展，固化为设计管理制度，公路设计理念得到全面提升，设计水平上了一个台阶。通过实施勘察设计典型示范工程活动，推动了"安全、环保、舒适、和谐"的设计理念全面实施。

2006年，云南思茅至小勐养高速公路（简称"思小高速公路"）建成通车，成为我国首条穿越热带雨林的生态高速公路，其有1/3的里程穿越西双版纳国家级自然保护区小勐养片区的试验区，为保护公路沿线热带雨林生态系统，工程建造了30座隧道和300多座桥梁，保留了野生动物的通道，降低了高速公路对保护区的分隔影响。2009年，思小高速公路被评为2A级旅游景区，成为中国第一个高速公路景区。思小高速公路的建设，形成了"安全、生态、观光、和谐"的建设理念，树立了生态公路建设的典范（图1-3、图1-4）。

图1-3 云南思茅至小勐养高速公路起点标志

图1-4 云南思茅至小勐养高速公路路侧景观

2. 公路工程建设管理"五化"活动

2010年8月，全国公路建设座谈会在福建厦门召开，会议提出当前和今后一段时期，公路建设管理工作要以"五化"——"发展理念人本化、项目管理专业化、工程施工标准化、管理手段信息化、日常管理精细化"为重要抓手，加快推进现代工程管理，不断转变公路发展方式，全面提高公路建设管理水平。自2011年开始，交通运输部组织开展了为期3年的施工标准化活动，编制了《高速公路施工标准化技术指南》丛书，推行"三集中、两准入"（钢筋集中加工、混凝土集中拌和、构件集中预制及模板、台车准入制），大大提升了工程关键指标合格率和项目管理水平。

（二）资源节约型、环境友好型公路建设时期（2007—2013年）

这一时期为绿色公路建设的发展阶段，交通运输部先后印发了《资源节约型环境友好型公路水路交通发展政策》《加快推进绿色循环低碳交通运输发展指导意见》和《公路水路交通运输环境保护"十二五"发展规划》《公路水路交通运输节能减排"十二五"规划》，组织实施了生态环保与"两型"公路科技示范工程、环境保护试点及节能减排示范，公路交通基础设施建、管、养、运、绿色化水平有效提升，公路交通领域节能环保技术全面进步，建成一批以湖北神宜公路、江西庐山西海高速公路（图1-5）、京港澳高速公路河北段改扩建工程等为代表的"两型"公路。

图 1-5 江西庐山西海高速公路

1. 生态环保与"两型"公路科技示范

2007年，湖北沪蓉西高速公路和山西忻阜高速公路（忻州至长城岭段）2个科技示范工程的实施方案在北京通过评审，成为交通行业科技示范工程开端的标志。"十一五""十二五"期间，依托国家高速公路等重大工程建设，交通运输部相继在山区高速公路建设、生态环境保护、交通安全等领域组织实施了14项科技示范工程，提升了科技创新水平，推广了大批实用型科技创新成果，对工程建设起到了较好的支撑作用，并有效促进了工程建设理念、质量和技术水平的提升。

2007年，我国首个科技环保示范工程——湖北神宜科技环保示范工程建成通车，其也是湖北省第一条生态景观路，为保护沿线生态环境，建设标准从工可阶段的高速公路降为二级公路。项目提出了"路景相融 自然神宜"的建设目标，形成了"自然的就是最美的""科技引领、资源节约、环境友好"等一系列新的建设理念，同时进一步提出把"保护好生态环境"作为设计的"第一追求"，把"恢复好生态环境"作为施工的"第一原则"，把"科技创新促进生态保护"作为建设的"第一动力"，把实现"自然环境原生态"作为验收的"第一关口"，着力打造安全、通畅、环保、节约的科技环保示范路，在促进行业环境保护、建设生态文明中进行了有益的探索（图1-6）。

图1-6 湖北神宜公路

2009年，交通运输部发布《关于印发资源节约型环境友好型公路水路交通发展政策的通知》，明确了资源节约型、环境友好型公路水路交通发展的使命、方式及主要政策，提出要集约节约利用资源和大力发展绿色交通。为贯彻落实"两型"公路建设要求，交通运输部先后立项实施了湖南长湘高速公路资源节约型和环境友好型科技示范工程、江西庐山西海高速公路安全绿色交通科技示范工程、云南昆龙高速公路运营节能科技示范工程及长白山区鹤大高速公路资源节约循环利用科技示范工程，有力地推动了公路生态建设、环境保护及资源节约集约利用"四新"技术的推广和应用，在"两型"公路建设方面发挥了重要的引领和示范作用。其中，2011年建成通车的江西庐山西海高速公路安全绿色交通科技示范工程，紧密围绕安全、绿色两大主题开

图1-7 江西永修至武宁高速庐山西海服务区

展了"1项科技攻关、2项集成创新、33项推广应用"系列工作，提出了"交通安全与环境安全协同保障，资源节约与环境保护有机结合"的工程建设理念，研发了水环境敏感区高速公路运营期危化品运输事故环境风险防控关键技术，建立了一套绿色公路建设技术评价体系，建设了当时全国最长的路桥面径流收集处理系统，实现了路面雨水径流的全收集、全处理；成功打造了全国第一个绿色（低碳）服务区——庐山西海服务区，修建了当时国内最长的高速公路排水降噪沥青路面，建设了一个集中展示安全、绿色交通的科普基地，显著提升了绿色公路建设和交通安全保障理念及技术水平（图1-7）。

2. 交通运输环境保护试点

2012年，交通运输部印发《公路水路交通运输环境保护"十二五"发展规划》，提出了行业环保法规和标准体系建设、行业环保监管体系建设、行业环保科研体系建设、行业低碳技术应用和推广、公路生态保护和污染治理、水路生态保护和污染治理、废弃物循环利用七大主要任务，为构建资源节约型、环境友好型的现代交通运输业制定了行动方案。

为贯彻落实该规划主要任务，交通运输部组织实施了"十二五"环境保护试点建设专项，试点内容涵盖了交通运输环境监测网络、重大交通基础设施生态建设和保护、高速公路服务区清洁能源与水循环利用等方面，山西省交通运输环境监测网络建设、青藏公路生态建设和修复试点工程、黄黄高速公路二里湖（南区）服务区清洁能源和水资源循环利用等试点工程首批获得立项。其中，重大交通基础设施生态建设和保护、高速公路服务区清洁能源与水循环利用试点，针对部分早期建设或涉及生态敏感区、生态脆弱区的既有交通基础设施进行。"十二五"期间，交通运输部共组织实施完成63个环境保护试点建设项目，其中以边坡、取（弃）土场生态修复为主要内容的公路生态建设和修复试点工程20个，修复总里程近1300km，修复总面积超过5000万 m^2，促进了荒漠区、高寒区交通基础设施生态修复技术的探索和创新；高速公路服务区清洁能源和水资源循环利用试点工程16个，在资源集约节约利用方面起到了引领和示范作用。

这次环境保护试点建设专项行动，是交通运输部第一次组织实施的既有交通基础设施环境保护"补短板"行动，推动了交通运输环境友好程度的逐步改善。

3. 交通运输节能减排示范

2011年，交通运输部印发《公路水路交通运输节能减排"十二五"规划》提出，不断深化"车、船、路、港"千家企业低碳交通运输专项行动，深入推进低碳交通运输体系建设研究工作，组织做好低碳交通运输体系建设城市试点，继续开展节能减排示范工程和节能产品（技术）评选推广活动。为此，财政部、交通运输部联合印发了《交通运输节能减排专项资金管理暂行办法》，由中央财政从一般预算资金和车辆购置税交通专项资金中安排适当资金用于支持公路水路

交通运输节能减排。"十二五"期间,交通运输节能减排专项资金累计支持了六批共896个部级节能减排示范项目。

2013年,交通运输部发布《加快推进绿色循环低碳交通运输发展指导意见》,首次针对铁路、公路、水路、民航和邮政各领域绿色发展做出统筹安排和总体部署,明确提出要加快建成资源节约型、环境友好型交通运输行业,实现交通运输绿色发展、循环发展、低碳发展。自2013年起,交通运输节能减排专项资金启动了三批共22个绿色循环低碳公路主题性项目,里程累计达到4300km,如京港澳高速公路河北京石段和石安段、吉林省鹤大高速公路、广东省广中江高速公路、青海省花久高速公路等首批获得专项资金的支持。

此外,交通运输部还组织开展了低碳公路建设评价指标体系、公路建设、运营及养护能效和二氧化碳排放强度等级及评定方法、公路交通基础设施节能减排项目温室气体减排量核证方法(ETC和温拌沥青项目)等绿色循环低碳公路的内涵、评价指标体系等研究,出台了《绿色循环低碳公路考核评价指标体系》《交通运输节能减排专项资金申请项目节能减排量或投资额核算技术细则》,研究建立了绿色交通制度框架和指标体系。通过绿色循环低碳公路主题性节能减排示范项目的实施,推动了以集约、节约、循环、低碳为主题的绿色公路建设。

2013年,我国首部绿色公路评价标准——云南省地方标准DB 53/T 449—2013《绿色公路评价标准》发布,该标准建立了一整套可持续发展公路的评价体系,涵盖了高速公路、一级、二级公路从立项到运营等各个方面内容,填补了我国公路交通领域同类技术规范的空白,为科学合理实施绿色公路评价提供了重要技术依据。

(三)绿色公路建设深化时期(2014—2020年)

这一时期为绿色公路建设的深化阶段,交通运输部出台了绿色公路建设政策与规划,建立了绿色公路评价标准,组织实施了三批共33个绿色公路建设典型示范工程,研发与推广应用了大量绿色公路"四新"技术,开展了美丽公路建设先行先试,有力推动绿色公路发展进入新阶段,赋予绿色公路发展新内涵,建成延崇高速公路、云南小磨高速公路改扩建工程及江西广吉高速公路(图1-8)等一批绿色公路和浙江省美丽经济交通走廊。

1. 绿色公路建设政策顶层设计

2014年,全国交通运输工作会议提出,加快发展综合交通、智慧交通、绿色交通、平安交通(简称"四个交通"),指出综合交通是核心,智慧交通是关键,绿色交通是引领,平安交通是基础,四个交通相互关联、相辅相成,共同构成了推进交通运输现代化发展的有机体系,为交通运输科学发展指明了方向。

2016年,交通运输部印发《交通运输节能环保"十三五"发展规划》,确立了"到2020年,

图1-8 江西广吉高速公路

适应全面建成小康社会要求的绿色交通运输体系建设取得显著进展"的发展目标，提出了推进交通运输节能降碳、强化基础设施生态保护、全面开展污染综合防治、推进资源节约循环利用、加强节能环保监督管理、服务国家发展重大战略六大主要任务，决定继续组织开展绿色交通示范创建，为"十三五"时期行业绿色发展提供了方向指引。

为践行绿色交通，完成《交通运输节能环保"十三五"发展规划》目标，推进绿色公路建设，交通运输部于2016年7月印发《关于实施绿色公路建设的指导意见》，明确了绿色公路的发展思路和建设目标，提出了五大建设任务，决定开展五大专项行动。此次绿色公路建设的提出是按照系统论和周期成本思想，以工程质量、安全、耐久、服务为根本，坚持"两个统筹"（统筹公路资源利用、能源消耗、污染排放、生态影响、运行效率、功能服务之间的关系，统筹公路规划、设计、建设、运营、管理、服务全过程），把握"四大要素"（资源节约、生态环保、节能高效、服务提升），以理念提升、创新引领、示范带动、制度完善为途径，推动公路建设发展的转型升级。此外，各省（自治区、直辖市）相继发布了省级绿色公路建设实施方案，云南等地印发了攻关行动计划，部省联动强化顶层设计，为推进绿色公路建设提供了行动纲领。针对"推进钢结构桥梁的应用""积极应用建筑信息模型（BIM）新技术""拓展公路旅游功能"等建设任务和专项行动，交通运输部先后印发了《关于推进钢结构桥梁建设的指导意见》（2016年）、《关于推进公路水运工程BIM技术应用的指导意见》（2016年）、《关于促进交通运输与旅游融合发展的若干意见》（2017年）等文件，提出了具体的推进措施和要求。

2017年，交通运输部印发《推进交通运输生态文明建设实施方案》《交通运输行业"十三五"控制温室气体排放工作实施方案》，要求行业践行"创新、协调、绿色、开放、共享"五大发展理念，以供给侧结构性改革推动交通运输生态文明建设，把绿色发展理念融入交通运输发展的各方面和全过程。同年，交通运输部印发的《关于全面深入推进绿色交通发展的意见》提出，构建绿色交通制度标准、科技创新和监督管理三大体系，推进运输结构优化、组织创新、绿色出行等七大工程，为全行业绿色发展提供了更明确的工作方向。

2019年，中共中央、国务院印发《交通强国建设纲要》，确立了"2035年绿色发展水平明显提高，2050年绿色化水平位居世界前列"的发展目标，提出了绿色发展节约集约、低碳环保等九大任务，要求强化交通生态环境保护修复，建设绿色交通廊道，赋予了绿色公路建设新的使命。

2. 绿色公路建设技术标准研制

2018年，JT/T 1199.1—2018《绿色交通设施评估技术要求 第1部分：绿色公路》、JT/T 1199.2—2018《绿色交通设施评估技术要求 第2部分：绿色服务区》颁布实施，提出了"绿色理念、生态环保、资源节约、节能低碳、品质建设、安全智慧和服务提升"七类绿色公路评估的一级指标，建立了我国绿色公路与绿色服务区的评估标准。2019年，交通运输部公路局组织编著并出版了《绿色公路建设技术指南》，系统总结了绿色公路的理念内涵，聚焦设计和施工的相关专业领域，阐释了绿色公路建设的技术方案，进一步完善了绿色公路建设的技术支撑体系。此外，广东、云南、江西及山西等地制定了具有地域特色的绿色公路建设技术指南与评价标准，形成了行业与地方标准协同的绿色公路建设与评价技术体系。

3. 绿色公路建设试点示范

自2016年起，交通运输部确定了三批共33个绿色公路建设典型示范工程，项目类型涵盖了高速公路、独立大桥及普通国省干线公路，项目性质包括了新建和改扩建。同时，湖南、广东、河南及四川等16省（自治区、直辖市）开展了省级绿色公路建设试点示范工作，福建省深入推进绿色公路建设与品质工程打造协同创建的"双创"行动。这些典型示范工程均具有一定社会影响、路网功能明确、沿线区域自然环境特点突出、工程具有代表性，在绿色公路建设方面特色与亮点突出，通过以点带面，为全行业推行绿色公路建设积累了经验。

2020年，交通运输部陆续批复了湖南、河南、河北、湖北、浙江、江苏、广西、山东、陕西、福建、上海、广东、安徽、江西、吉林、四川、山西、云南、内蒙古等省（自治区、直辖市）的交通强国建设试点实施方案，这些省（自治区、直辖市）试点方案中均提出了推进绿色交通发展、贯彻节能环保低碳发展理念、降低用能成本、优化能源消费结构等内容，绿色公路进入交通强国建设试点的新阶段。

4. 绿色公路"四新"技术的研发与应用

在绿色公路建设中,交通行业高度重视科技创新的驱动与支撑作用,积极研究探索新能源、新材料、新装备和新工艺,大力推广应用先进适用技术和产品,湿地保护、动物通道设置、能源高效利用及节能减排、路域生态防护与修复、公路碳汇建设及公路服务区旅游服务功能提升等新技术研发提速的同时,以废旧橡胶为代表的大宗工业固体废物和隧道洞渣等废旧材料再生循环利用技术、建筑信息模型(BIM)新技术、隧道节能照明和太阳能光伏发电等节能技术与清洁能源、装配化施工、穿越敏感水体路段的径流收集与处置技术及绿色服务区建设等大量"四新"技术得到广泛推广应用,有力地支撑了绿色公路的建设。

5. 美丽公路建设先行先试

2014年,浙江公路交通超前谋划,提出了创建美丽公路的发展思路和目标,作为"十三五"全省公路交通工作的主抓手。2015年7月,浙江省交通运输厅印发《浙江省创建美丽公路"五个一万"工程实施意见》,将"设施美、环境美、秩序美、服务美、行风美"作为美丽公路建设的主要任务,美丽公路建设在全省全面铺开。在美丽公路建设过程中,浙江省创新提出了美丽公路+特色经济、美丽公路+乡村旅游、美丽公路+历史人文、美丽公路+休闲体育、美丽公路+养生健康等发展模式,通过贴近、融入经济社会发展大局,形成了美丽公路建设的长效机制。

2017年,浙江省湖州市发布首个地市级《美丽公路建设规范》,积极探索"美丽公路+"的发展模式,为美丽公路建设标准提供了借鉴。2018年6月,湖州市又印发全国首个美丽公路建设总体规划——《湖州市美丽公路总体规划》,全市"一核、两轴、四线、多点"的美丽公路蓝图初具雏形。2019年,交通运输部公路局批复了《湖州市全国美丽公路建设先行先试实施方案》,同意湖州市开展美丽公路建设先行先试,要求湖州市在绿色公路框架下探索美丽公路建设,为推动全国公路践行绿色发展理念、实现转型和高质量发展奠定理论和实践基础。

2020年,交通运输部印发《关于浙江省开展构筑现代综合立体交通网络等交通强国建设试点工作的意见》,同意将"打造美丽经济交通走廊"作为重要试点内容之一,包括:将"修一条路,造一片景,活一方经济,富一方百姓"的理念贯穿于交通规划、设计、建设、运营、管理全过程;围绕优化城镇布局、发展全域旅游,以自然风景走廊、科创产业走廊、生态富民走廊、历史人文走廊等为载体,打造美丽经济交通走廊,串联省级示范特色小镇、4A以上旅游景区、国家公园、国家级历史名镇和历史文化名村;注重典型示范引领,打造美丽经济交通走廊达标县和精品示范走廊。绿色公路进入美丽公路交通强国试点新阶段。

此外,云南省公路局于2017年发布《云南美丽公路旅游线规划》,计划用15年时间,建成

9000km的七彩旅游环线。2019年，怒江美丽公路全线通车试运行，项目主线全长288.3km，慢行系统（骑行道、步道）全长321km，在国省干线美丽公路建设方面进行了有益的探索和实践。

综上所述，推进绿色公路建设是时代的呼唤，是生态文明和绿色交通发展理念在公路建设领域的集中体现，是贯彻国家生态文明战略、支撑交通强国建设、实现行业生态绿色低碳发展的关键举措，具有重要的战略意义。

四、绿色公路发展面临的机遇和挑战

习近平总书记提出加快形成安全、便捷、高效、绿色、经济的综合交通体系，把生态文明建设作为统筹推进"五位一体"总体布局和协调推进"四个全面"战略布局的重要内容，要坚持绿水青山就是金山银山的理念，坚定不移走生态优先、绿色发展之路，发展清洁生产，加快实现绿色低碳发展。习近平生态文明思想，以"人与自然和谐共生"为本质要求，以"绿水青山就是金山银山"为基本内核，以"山水林田湖草是生命共同体"为系统思想，以"最严格制度最严密法治保护生态环境"为重要抓手，以"共谋全球生态文明建设"彰显大国担当。不仅是我国生态文明建设的行动指南，还自然以宁静、和谐、美丽，还将推动我国由工业文明时代快步迈向生态文明新时代，促进经济发展与环境保护良性循环，更好实现"两个一百年"奋斗目标，指引中华民族迈向永续发展的彼岸。

交通运输是"生态文明"和"绿色发展"战略落地不可或缺的重要领域和实现载体，需要为国家生态文明建设和绿色发展做出更大贡献。交通运输部以"绿色交通"为"引领"，明确要求"将生态文明建设融入交通运输发展的各方面和全过程"。随着国家若干重大战略的出台和现代科学技术的快速变革，作为绿色交通的重要组成部分，绿色公路将迎来新的发展机遇和挑战。

（一）建设美丽中国要求交通运输重点强化生态保护与修复

党的十九大以来，我国生态文明体制改革进入加速期，以"国土空间规划"、生态环境"三线一单"、"以国家公园为主体的自然保护地体系"为主要内容的生态保护管理新体制日益明晰，陆地国土面积约25%划定为生态保护红线并实施严格保护。长江经济带、黄河流域等国家重大区域战略也重点强调了"生态优先、绿色发展""生态保护和高质量发展"的战略方向，生态保护要求不断严格。根据中共中央、国务院《国家综合立体交通网规划纲要》提出的要求，包括"十四五"期在内的未来一段时间，安全、便捷、高效、绿色、经济的综合立体交通网将加速形成，交通基础设施建设和升级的需求仍将维持在较大规模，其中新建工程大部分集中在生态环境脆弱的中西部地区。中央全面深化改革委员会《关于推动基础设施高质量发展的意见》提出"要以整体优化、协同融合为导向，统筹存量和增量、传统和新型基础设施发展，打造集约高效、经济适用、智能绿色、安全可靠的现代化基础设施体系"。中共中央、国务院《交通强国建设纲要》也明确提出"强化交通生态环境保护修复，严守生态保护红线，严格落实生态保护和水土保持措施，严格实施生态修复、地质环境治理修复与土地复垦，将生态环保理念贯穿交通基础设施规划、建设、运营和养护全过程，建设绿色交通廊道"。这都要求行业高度重视交通基础设施建设可能引发的生态系统和生态空间占用、阻隔和干扰影响，强化交通生态保护与修复，不断提高交通工程与生态环境的友好程度。

（二）实现生态环境根本好转需要交通运输行业大幅削减污染排放总量

国务院《关于加快建立健全绿色低碳循环发展经济体系的指导意见》提出，全方位全过程推行绿色规划、绿色设计、绿色投资、绿色建设、绿色生产、绿色流通、绿色生活、绿色消费，使发展建立在高效利用资源、严格保护生态环境、有效控制温室气体排放的基础上，统筹推进高质量发展和高水平保护，确保实现碳达峰、碳中和目标，推动我国绿色发展迈上新台阶。

目前，交通运输行业已成为我国节能减排、生态环境保护的重要领域，未来一段时间行业能源消耗、碳排放和污染物排放仍将保持增长态势。"十四五"时期，交通行业的节能减排和低碳发展的迫切性和必要性尤为强烈，必须制修订约束力度更强的政策法规，这既是确保我国履行国际减排承诺的重要手段，也是确保能源安全的必然选择。因此，必须切实做好行业节能减排工作，推动实现污染物排放总量大幅削减，按照《交通强国建设纲要》的要求，强化节能减排和污染防治，推进装备技术升级，加速淘汰落后技术和高耗低效交通装备，打好柴油货车污染治理攻坚战，推进污染防治等。

（三）交通运输高质量发展为绿色交通建设提供动力和空间

"十四五"时期是加快建设交通强国的起步期，是进入新时代化解交通运输主要矛盾、推动交通运输高质量发展的换挡期，是优化结构、融合发展的提质期。根据有关规划和行业预测，这一时期交通基础设施建设仍将保持一定的速度与规模，客货运输需求总量还将保持稳步增长，人民群众对运输多样化、高品质、高效率的要求更高。繁重的交通运输发展任务与日益刚性的资源环境约束之间的矛盾日益突显，交通运输行业转变发展方式，实现高质量发展的要求，为绿色交通发展带来内生动力和更大空间。因此，交通运输发展任务落实中，需要更加注重协调与国土空间的关系，将节约资源节能环保的理念贯穿于基础设施建设养护运营的全寿命周期中；更加注重优化交通运输中的能源结构和运输结构，向更清洁低碳的方向转变；更加注重发展方式转变、注重整体效率提升，实现由粗放发展方式转向绿色高效集约；更加注重人民群众美好的出行体验，不断强化出行环境与自然环境的和谐统一，提升美丽交通发展水平。

（四）信息化革命性发展赋能绿色交通

中共中央、国务院《国家综合立体交通网规划纲要》提出，要推进交通基础设施数字化、网

联化，提升交通运输智慧发展水平，加快既有设施智能化，利用新技术赋能交通基础设施发展，加强既有交通基础设施提质升级，提高设施利用效率和服务水平，运用现代控制技术提升铁路全路网列车调度指挥和运输管理智能化水平，推动公路路网管理和出行信息服务智能化，完善道路交通监控设备及配套网络。

交通基础设施绿色化、智慧化是长久不变的主题。新一代信息技术的跨越式发展为交通基础设施建设及管理提供了前所未有的高效手段。无人工地、智慧建造、车路协同、无人驾驶是可预见的未来交通基础设施建造和运营的模式转变。因此，要强化前沿关键科技研发，完善科技创新机制，紧跟《交通强国建设纲要》的要求，大力发展智慧交通。推动大数据、互联网、人工智能、区块链、超级计算机等新技术与交通行业深度融合。加快交通基础设施网、运输服务网、能源网与信息网络融合发展，构建泛在先进的交通信息基础设施。

综上，交通运输行业发展一方面将面临更加严峻的外部资源环境约束，另一方面也将迎来行业自身发展转型升级、由规模速度型发展转为效率质量型发展的窗口期，应全面贯彻落实生态文明建设要求和新发展理念，把绿色交通摆在更加突出的位置，正确处理行业发展与生态环境保护的关系，推动行业转型升级，在生态文明和美丽中国建设中发挥先行作用。

五、绿色公路发展展望

服务国家碳达峰、碳中和目标，深入打好污染防治攻坚战，加快建设交通强国，是"十四五"公路交通绿色发展的首要任务，建设绿色交通廊道、构建生态化路网、深入打好交通污染防治攻坚战是"十四五"绿色交通的具体举措。为此，宜从以下几个方面做好"十四五"公路绿色发展工作。

（一）开展面向交通运输碳达峰和交通强国建设的绿色公路建设政策研究与制度顶层设计

做好《交通运输部贯彻落实〈中共中央国务院关于完整准确全面贯彻新发展理念做好碳达峰碳中和工作的意见〉的实施意见》《公路水路行业绿色低碳发展行动方案》的任务分解落实，提出新发展格局下绿色公路建设的内涵、要素、路径及评价方法，构建表征绿色交通廊道与生态化路网的指标体系，揭示公路基础设施建设和养护向绿色化变革的技术途径和方法，构建新一代公路基础设施绿色化建造技术指标体系。

（二）深入推进绿色公路建设试点示范工作

以交通强国建设试点为契机深化绿色公路建设，以高速公路改扩建、国家重大战略通道建设、生态敏感脆弱区公路建设、公路维修与养护工程为重点，打造一批绿色公路建设交通强国试点项目。加快"交通+光伏"等交能融合技术的推广应用，打造若干具有一定发电规模、碳减排潜力较大的智能光伏交通示范工程。因地制宜推进新开工的高速公路全面落实绿色公路建设要求，鼓励普通国省干线公路按照绿色公路要求建设，引导有条件的农村公路参照绿色公路要求协同推进"四好农村路"建设。

（三）强化公路交通生态环境保护工作

做好原生植被保护和近自然生态恢复、动物通道建设、湿地水系连通等工作，推动公路交通基础设施标准化、智能化、工业化建造，加强服务区污水、垃圾等污染治理，鼓励老旧服务区开展节能环保升级改造，提高交通基础设施固碳能力，因地制宜打造一批旅游公路、旅游服务区。强化交通基础设施建设生态环境保护行业监管，研究出台《关于实施交通基础设施建设生态环境保护全过程监管的指导意见》，组织开展交通行业生态环境保护督查工作。

（四）强化绿色公路建设技术创新应用与标准研制

加大公路绿色智能化建造与维养、生态化工程构造物建设、路域生态廊道建设与综合立体复合交通噪声污染治理等绿色公路建设技术研发力度，依托交通运输科技示范工程强化节能环保技术集成应用示范与成果转化。加快既有公路工程建设技术规范向绿色化转型，加强绿色公路建设新技术、新设备、新材料、新工艺等方面标准的有效供给，研制公路基础设施建设与运营碳排放核算、监测、评估及控制技术等方面的重大关键技术标准，推动绿色公路建设转型升级。

第二章 发展现状

实施绿色公路建设是交通运输行业贯彻"创新、协调、绿色、开放、共享"发展理念,支撑交通强国建设,实现行业转型升级的重要举措。《关于实施绿色公路建设的指导意见》,明确了绿色公路的发展思路和建设目标,提出了五大建设任务,开展五项专项行动。从理念转变到规模提升,从技术升级到管理模式都取得了显著成效。

一、建设类型多元化

由单一化到集群化、小而精到大而全的规模化的全面突破。"十三五"以来,交通运输部确定了3批共33个绿色公路建设典型示范工程,项目类型涵盖了高速公路、独立大桥及普通国省干线公路,项目性质包括了新建和改扩建,绿色公路建设取得了显著成效。湖南、广东、河南、四川、江西等16省(自治区、直辖市)开展了省级绿色公路建设试点示范工作,福建、江西深入推进绿色公路建设与品质工程,打造协同创建的"双创"行动。这些典型示范工程具有一定社会影响、路网功能明确、沿线区域自然环境特点突出,工程具有代表性,在绿色公路建设方面特色与亮点突出,通过以点带面,为全行业推行绿色公路建设积累了经验。

二、多方参与、共建共享

由建设单位单独统筹与到多层级、多方位的多方角色全过程深度谋划。在推进绿色公路建设过程中,各级交通运输行业主管部门及项目建设单位,始终坚持将绿色公路建设新理念贯穿到公路规划、建设、运营和养护全过程,在确保公路质量优良、安全耐久的前提下,统筹考虑规划设计、建设施工和养护管理全过程的资源占用、能源消耗、污染排放控制、生态保护、公路功能拓展及服务水平提升等要求,实施绿色设计、绿色施工及绿色运维,注重建管养运并重,提升了公路全寿命周期绿色发展水平。

三、绿色公路全寿命建设理念深入人心

树立和践行"绿水青山就是金山银山"的理念,公路绿色建造制度体系日益完善,绿色公路建设标准和评估体系已基本建立。结合国土空间规划编制和"三线一单"划定落实,统筹推动铁路、公路、水路、空域等通道资源集约利用,提高线位资源利用效率。因地制宜采用低路基、以桥(隧)代路等,强化公路沿线土地资源保护和综合利用,减少对周边环境的影响。严守生态保护红线,严格落实生态保护和修复制度。公路交通基础设施建设全面实行"避让—保护—修复"模式,形成生态选线选址理论及技术,建立生态环保设计技术体系,有力地保护了耕地、林地、湿地等具有重要生态功能的国土空间。注重动物通道建设,青藏铁路建设的动物通道有效保障了藏羚羊的顺利迁徙及其他高原动物的自由活动。《交通强国建设纲要》将绿色交通廊道建设确定为绿色发展的主要任务之一。交通运输部印发了绿色公路建设指导意见,各省(自治区、直辖

市）发布了实施方案，云南等省印发了攻关行动计划，部省联动强化顶层设计，为推进绿色公路建设提供了行动纲领。交通运输部公路局组织编著并出版了《绿色公路建设技术指南》，绿色公路与绿色服务区评估技术要求交通行业标准于2018年颁布实施，广东、云南、江西等省制定了具有地域特色的绿色公路建设技术指南与评价标准，形成了行业与地方标准协同的绿色公路建设、评价技术体系。

四、绿色公路"四新"技术研发及应用走向成熟

技术创新向低碳化、绿色化、智能化、清洁化转变。交通运输行业高度重视科技创新在绿色公路建设中的驱动与支撑作用，积极研究探索新能源、新材料、新装备和新工艺，大力推广应用先进适用技术和产品，湿地保护、动物通道设置、能源高效利用及节能减排、路域生态防护与修复、公路碳汇建设及公路服务区旅游服务功能提升等新技术研发提速的同时，以废旧橡胶为代表的大宗工业固体废物和隧道洞渣等废旧材料再生循环利用技术，建筑信息模型（BIM）新技术、隧道节能照明和太阳能光伏发电等节能技术，清洁能源、装配化施工、穿越敏感水体路段的径流收集与处置技术及绿色服务区建设等大量"四新"技术得到广泛推广应用，有力支撑了绿色公路建设。

五、管理模式提档升级明显

由粗放式到精细化、从通才式到专业化转变。绿色公路试点示范项目实施以来，从建设管理、设计审查、过程监管、资金保障、绩效考核等方面建立了一套制度体系，也培养了一批绿色公路建设管理技术队伍，为绿色公路建设提供操作性较强的政策支持与保障，变被动落实为主动作为，这些都将绿色公路建设理念与要求落实到所有类型交通基础设施建设中去奠定了基础。

六、绿色宣传广泛开展

通过开展形式多样、内容丰富、多维立体的宣传展示、专业培训以及现场实地观摩学习，促进了绿色公路建设技术的推广和经验交流，绿色生产生活方式普遍推广。"十三五"以来，陆续已召开展7届全国绿色公路技术交流会、5届旅游交通大会、中国交通绿色发展论坛等绿色公路会议，来自全国各省（自治区、直辖市）交通运输厅（局、委），高速公路公司，行业设计、施工、监理、咨询、科研院所、大专院校、新闻媒体及会议依托项目参建各方参加会议。采用学术交流、现场观摩、展览展示、优秀论文评选等多种交流形式，辅以网站、微信、微博等多媒体手段，绿色公路宣传效果显著。

第三章 政策引领

一、近期国家战略规划

2020年，中共中央提出的《关于制定国民经济和社会发展第十四个五年规划和二〇三五年远景目标的建议》，旨在深入分析国际国内形势，就制定国民经济和社会发展"十四五"规划和二〇三五年远景目标提出了建议；指出要统筹推进基础设施建设，构建系统完备、高效实用、智能绿色、安全可靠的现代化基础设施体系，加快建设交通强国，完善综合运输大通道、综合交通枢纽和物流网络，加快城市群和都市圈轨道交通网络化，提高农村和边境地区交通通达深度；同时强调拓展投资空间，实施川藏铁路、西部陆海新通道、沿边沿江沿海交通等一批强基础、增功能、利长远的重大项目建设。

2021年，生态环境部发布的《关于统筹和加强应对气候变化与生态环境保护相关工作的指导意见》，旨在加快推进应对气候变化与生态环境保护相关职能协同、工作协同和机制协同，实现减污降碳协同效应。意见指出要全力推进达峰行动，鼓励能源、工业、交通、建筑等重点领域制定达峰专项方案；同时指出要推动实现减污降碳协同效应，加大交通运输结构优化调整力度，推动"公转铁""公转水"和多式联运，推广节能和新能源车辆。

2021年出台的《中华人民共和国国民经济和社会发展第十四个五年规划和2035年远景目标纲要》，提出需提升生态系统质量和稳定性、持续改善环境质量、加快发展方式绿色转型等，以推动绿色发展，促进人与自然和谐共生。其中明确指出加快建设新型基础设施，加快交通、能源、市政等传统基础设施数字化改造，加强泛在感知、终端联网、智能调度体系建设；强调加快建设交通强国，建设现代化综合交通运输体系，推进各种运输方式一体化融合发展，提高网络效应和运营效率；完善综合运输大通道，加强出疆入藏、中西部地区、沿江沿海沿边战略骨干通道建设，有序推进能力紧张通道升级扩容，加强与周边国家互联互通；构建快速网，基本贯通"八纵八横"高速铁路，提升国家高速公路网络质量，加快建设世界级港口群和机场群；完善干线网，加快普速铁路建设和既有铁路电气化改造，优化铁路客货布局，推进普通国省道瓶颈路段贯通升级，推动内河高等级航道扩能升级，稳步建设支线机场、通用机场和货运机场，积极发展通用航空；加强邮政设施建设，实施快递"进村进厂出海"工程。推进城市群都市圈交通一体化，加快城际铁路、市域（郊）铁路建设，构建高速公路环线系统，有序推进城市轨道交通发展；提高交通通达深度，推动区域性铁路建设，加快沿边抵边公路建设，继续推进"四好农村路"建设，完善道路安全设施；构建多层级、一体化综合交通枢纽体系，优化枢纽场站布局、促进集约综合开发，完善集疏运系统，发展旅客联程运输和货物多式联运，推广全程"一站式""一单制"服务。推进中欧班列集结中心建设；深入推进铁路企业改革，全面深化空管体制改革，推动公路收费制度和养护体制改革。纲要还提出积极应对气候变化，推动能源清洁低碳安全高效利用，深入推进工业、建筑、交通等领域低碳转型。

2021年发布的《关于完整准确全面贯彻新发展理念做好碳达峰碳中和工作的意见》，旨在完整、准确、全面贯彻新发展理念，做好碳达峰、碳中和工作。从推进经济社会发展全面绿色转型、深度调整产业机构、加快构建清洁低碳安全高效能源体系等11个方面提出35项具体工作内容。其中对加快推进低碳交通运输体系建设提出了要求。意见要求优化交通运输结构，加快建设综合立体交通网，大力发展多式联运，提高铁路、水路在综合运输中的承运比重，持续降低运输能耗和二氧化碳排放强度；优化客运组织，引导客运企业规模化、集约化经营；加快发展绿色物流，整合运输资源，提高利用效率；推广节能低碳型交通工具；加快发展新能源和清洁能源车船，推广智能交通，推进铁路电气化改造，推动加氢站建设，促进船舶靠港使用岸电常态化；加快构建便利高效、适度超前的充换电网络体系。提高燃油车船能效标准，健全交通运输装备能效标识制度，加快淘汰高耗能高排放老旧车船。同时强调积极引导低碳出行，加快城市轨道交通、公交专用道、快速公交系统等大容量公共交通基础设施建设，加强自行车专用道和行人步道等城市慢行系统建设；综合运用法律、经济、技术、行政等多种手段，加大城市交通拥堵治理力度。

二、近期政策制度体系

2021年印发的《关于推动城乡建设绿色发展的意见》提出建设高品质绿色建筑，实施建筑领域碳达峰、碳中和行动，并实现工程建设全过程绿色建造等内容。强调加强公交优先、绿色出行的城市街区建设，合理布局和建设城市公交专用道、公交场站、车船用加气加注站、电动汽车充换电站，加快发展智能网联汽车、新能源汽车、智慧停车及无障碍基础设施，强化城市轨道交通与其他交通方式衔接。加强交通噪声管控，落实城市交通设计、规划、建设和运行噪声技术要求。

2021年印发的《2030年前碳达峰行动方案》，明确了"十四五"与"十五五"期间推进碳达峰行动的主要目标，明确重点实施包括交通运输绿色低碳行动在内的"碳达峰十大行动"。交通运输绿色低碳行动要求加快形成绿色低碳运输方式，确保交通运输领域碳排放增长保持在合理区间。首先推动运输工具装备低碳转型。积极扩大电力、氢能、天然气、先进生物液体燃料等新能源、清洁能源在交通运输领域应用；大力推广新能源汽车，逐步降低传统燃油汽车在新车产销和汽车保有量中的占比，推动城市公共服务车辆电动化替代，推广电力、氢燃料、液化天然气动力重型货运车辆；提升铁路系统电气化水平。加快老旧船舶更新改造，发展电动、液化天然气动力船舶，深入推进船舶靠港使用岸电，因地制宜开展沿海、内河绿色智能船舶示范应用；提升机场运行电动化智能化水平，发展新能源航空器。到2030年，当年新增新能源、清洁能源动力的交通工具比例达到40%左右，营运交通工具单位换算周转量碳排放强度比2020年下降9.5%左右，国家铁路单位换算周转量综合能耗比2020年下降10%；陆路交通运输石油消费力争2030年前达到峰值。其次构建绿色高效交通运输体系。发展智能交通，推动不同运输方式合理分工、有效衔接，降低空载率和不合理客货运周转量；大力发展以铁路、水路为骨干的多式联运，推进工矿企业、港口、物流园区等铁路专用线建设，加快内河高等级航道网建设，加快大宗货物和中长距离货物运输"公转铁""公转水"；加快先进适用技术应用，提升民航运行管理效率，引导航空企业加强智慧运行，实现系统化节能降碳；加快城乡物流配送体系建设，创新绿色低碳、集约高效的配送模式；打造高效衔接、快捷舒适的公共交通服务体系，积极引导公众选择绿色低碳交通方式。"十四五"期间，集装箱铁水联运量年均增长15%以上。到2030年，城区常住人口100万以上的城市绿色出行比例不低于70%。同时，加快绿色交通基础设施建设。将绿色低碳理念贯穿于交通基础设施规划、建设、运营和维护全过程，降低全寿命周期能耗和碳排放；开展交通基础设施绿色化提升改造，统筹利用综合运输通道线位、土地、空域等资源，提高利用效率；有序推进充电桩、配套电网、加注（气）站、加氢站等基础设施建设，提升城市公共交通基础设施水平。到2030年，民用运输机场场内车辆装备等力争全面实现电动化。

2021年印发的《关于加快建立健全绿色低碳循环发展经济体系的指导意见》中，提到提升交通基础设施绿色发展水平。明确将生态环保理念贯穿交通基础设施规划、建设、运营和维护全过程，集约利用土地等资源，合理避让具有重要生态功能的国土空间，积极打造绿色公路、绿色铁路、绿色航道、绿色港口、绿色空港；加强新能源汽车充换电、加氢等配套基础设施建设。积极推广应用温拌沥青、智能通风、辅助动力替代和节能灯具、隔声屏障等节能环保先进技术和产品；加大工程建设中废弃资源综合利用力度，推动废旧路面、沥青、疏浚土等材料以及建筑垃圾的资源化利用。

《环境影响评价与排污许可领域协同推进碳减排工作方案》指出积极服务重大储备储运基地、沿江高铁、沿边公路等基础设施工程及民生工程项目环评。

三、近期交通行业领域

2022年国务院印发《"十四五"现代综合交通运输体系发展规划》，提出全面推动交通运输规划、设计、建设、运营、养护全寿命周期绿色低碳转型，协同推进减污降碳，形成绿色低碳发展长效机制，让交通更加环保、出行更加低碳。重点从以下5个方面展开：优化调整运输结构，推广低碳设施设备，加强重点领域污染防治，全面提高资源利用效率，完善碳排放控制政策。其中要求推广低碳设施设备，规划建设便利高效、适度超前的充换电网络，重点推进交通枢纽场站、停车设施、公路服务区等区域充电设施设备建设，鼓励在交通枢纽场站以及公路、铁路等沿线合理布局光伏发电及储能设施。同时，要求全面提高资源利用效率，推动交通与其他基础设施协同发展，打造复合型基础设施走廊。统筹集约利用综合运输通道线位、桥位、土地、岸线等资源，提高国土空间综合利用率；强调推进科学选线选址，推广节地技术，强化水土流失防护和生态保护设计，优先避让具有重要生态功能或者生态环境敏感脆弱的国土空间，尽量避让噪声敏感建筑物集中区域。

在交通运输绿色低碳发展行动专栏中，明确要求构建充换电设施网络，完善城乡公共充换电网络布局，积极建设城际充电网络和高速公路服务区快充站配套设施，实现国家生态文明试验区、大气污染防治重点区域的高速公路服务区快充站覆盖率不低于80%，其他地区不低于60%；大力推进停车场与充电设施一体化建设，实现停车和充电数据信息互联互通。

加快近零碳交通示范区建设。选择条件成熟的生态功能区、工矿区、城镇、港区、机场、公路服务区、交通枢纽场站等区域，建设近零碳交通示范区，优先发展公共交通，倡导绿色出行，推广新能源交通运输工具。

进而，在2021年交通运输部印发的《绿色交通"十四五"发展规划》（以下简称"《规划》"）中，提出推动公路服务区、客运枢纽等区域充（换）电设施建设，为绿色运输和绿色出行提供便利；因地制宜推进公路沿线、服务区等适宜区域合理布局光伏发电设施；强调深化绿色公路建设，因地制宜推进新开工的高速公路全面落实绿色公路建设要求，鼓励普通国省干线公路按照绿色公路要求建设，引导有条件的农村公路参照绿色公路要求协同推进"四好农村路"建设；强化公路生态环境保护工作，做好原生植被保护和近自然生态恢复、动物通道建设、湿地水系连通等工作，降低新改（扩）建项目对重要生态系统和保护物种的影响；推动交通基础设施标准化、智能化、工业化建造，强化永临结合施工，推进建养一体化，降低全寿命周期资源消耗；完善生态环境敏感路段跨河桥梁排水设施建设及养护；加强服务区污水、垃圾等污染治理，鼓励老旧服务区开展节能环保升级改造，新建公路服务区推行节能建筑设计和建设；提高交通基础设施固碳能力，到2025年，湿润地区高速公路及普通国省干线公路可绿化里程绿化率达到95%以上，半湿润区达到85%以上；推动交通与旅游融合发展，完善客运场站等交通设施旅游服务功能，因地制宜打造一批旅游公路、旅游服务区。

在绿色交通基础设施建设行动专栏汇总中，提出以"十四五"新开工高速公路和普通国省干线公路为重点，推进施工标准化和工业化建造，鼓励施工材料、工艺和技术创新，推广钢结构桥梁和BIM技术应用，完善旅游服务功能，鼓励历史文化传承设计创作，促进资源集约利用、清洁能源利用、生态保护及污染防治，降低公路全寿命周期成本，更好地与自然环境和社会环境相协调；推进公路路面材料循环利用，在全国高速公路、普通国省干线公路、农村公路改扩建和修复养护工程中，积极应用路面材料循环再生技术，高速公路、普通国省干线公路废旧沥青路面材料循环利用率分别达到95%和80%以上；加强工业固废和隧道弃渣循环利用，推动山西、陕西、内蒙古等地区应用煤渣、粉煤灰等作为公路路基材料，推动河北、山东、江苏等地应用炼钢炉渣和城市建筑废弃物等作为公路路基材料；推进隧道弃渣用于公路路基填筑和机制砂、水泥砖生产。《规划》还指出，推动公路服务区、客运枢纽等区域充（换）电设施建设，为绿色运输和绿色出行提供便利；因地制宜推进公路沿线、服务区等适宜区域合理布局光伏发电设施。

第四章 理念创新

一、创新——绿色公路高质量发展的重要发展动力

创新是交通运输高质量发展的第一动力，也是绿色公路发展的重要极点，是塑造绿色公路发展事业竞争新优势的重要发展动力。

（一）理念创新

理念是行动的先导。习近平总书记"绿水青山就是金山银山""两山论"的提出，将中国的生态环保事业推到了新的高度，也对公路发展提出了新的要求。

交通运输行业，尤其是公路运输行业积极响应号召，理念先行，自党的十八大以来，提出了一系列指导文件和创新思想。2013年，交通运输部印发《加快推进绿色循环低碳交通运输发展指导意见》，明确提出强化交通基础设施建设绿色循环低碳要求、建设绿色循环低碳交通运输管理能力的主要任务。2016年，交通运输部进一步提出了《关于实施绿色公路建设的指导意见》，从集约利用通道资源、严格保护土地资源、积极应用节能技术和清洁能源、大力推行废旧材料再生循环利用等方面对统筹资源利用、实现绿色公路提出了更详细的要求。2021年11月2日，交通运输部印发了《综合运输服务"十四五"发展规划》，将"清洁低碳的绿色运输服务体系"列为"十四五"规划的主要任务之一，明确以碳达峰目标和碳中和愿景为引领，以深度降碳为目标，统筹发展与减排、整体与局部、短期与中长期，促进运输服务全面绿色转型，加快构建绿色运输发展体系。2022年8月，交通运输部发布了《绿色交通标准体系（2022年）》，体系全面对接推进交通运输行业绿色发展的目标任务，优化完善适应加快交通强国建设的绿色交通标准体系，充分发挥标准的基础支撑作用；充分体现人与自然和谐共生的理念，强化标准间相互协调、相互补充，推进交通运输降碳、减污、扩绿和可持续发展，提升交通运输绿色治理能力水平；在重点领域和关键环节集中发力，加快推进服务碳达峰、碳中和目标，深入打好污染防治攻坚战的重点标准供给，以点带面实现突破性进展；加快科技创新成果转化为标准的进程，促进节能环保新技术、新设备、新材料、新工艺等方面标准的有效供给，保持标准体系建设的适度超前。

以上一系列理念的创新和政策的迭代，都体现了交通行业创新争先，勇立潮头的改革勇气，是在绿色公路领域的重要顶层建设。

（二）技术创新

科学是技术之源，技术是产业之源。技术创新是产业创新和进步的重要基础。公路技术创新发展是绿色公路发展的不竭动力之源。公路的技术创新集中体现在2个方面，一是"四新"技术的发明和推广，二是微创新的应用。

"四新"技术是"新技术、新工艺、新材料、新设备"的简称，其推广应用大大提高了绿色公路发展的效益和效率。"十三五"以来，我国交通发展总量大、质量高、效果好，但是科学发展水平总体不高，科技对交通发展的支撑能力不强，科技对交通良好发展的贡献率远低于发达国家，这是我国发展存在的"阿喀琉斯之踵"。"四新"技术的发展与应用，是我国交通发展对发展质量问题的集中回答。

微创新的应用，为绿色公路发展提供了不竭动力。微创新是科技创新的重要内容，设备微改造、工艺微改进、工法微改良，是提高生产效率、保障工程质量安全的重要措施和必经途径。微创新结合我国公路的大规模、大基数，乘数效应下，可以发挥巨大作用。在科技进步长远发展的指数效应下，可以发挥更大影响力。

二、协调——绿色公路引领平衡发展的重要保障

我国发展的不协调问题突出体现在区域之间、城乡之间。公路纵贯南北、横跨东西，成为平衡区域之间发展不平衡的重要枢纽，成为平衡城乡之间发展不平衡的重要载体。

（一）绿色公路跨越胡焕庸线，更好平衡区域协调

绿色公路线路长、跨度大，让区域交通资源得到平衡，让发展的机会更好普惠革命老区、边境地区、少数民族地区和革命老区，使得我国特殊类型地区和发达地区之间的发展得到有效平衡。绿色公路将推进生态退化地区综合治理和提高特殊类型地区基础设施有机结合起来，守好发展和生态两条底线，使区域间"路美人更富"。例如，贵州省公路局结合贵州"山地公园省"建设，推进普通国省干线公路建设和绿色公路发展，累计建成普通国省道改扩建工程4459km，其中，创建"畅安舒美"绿色公路2036km。在创建过程中，各地积累了丰富的公路生态环境保护经验，利用弃土场、原线老路实施绿化工程和景观打造、探索出了一条"绿色公路+旅游"的模式，将公路景观绿化美化与原生植被有机结合，使公路融入了自然生态环境之中，使畅安舒美的绿色公路普惠广大百姓的幸福生活。

（二）绿色公路纵贯城乡地区，更好平衡城乡发展

绿色公路在城乡地区间打通了乡村振兴的毛细血管，带出了丰富的绿色产地果香菜香，从枝头到舌头，让城乡间的信息差和物质差进一步缩小，让更丰富的农产品走向城市地区，让农村的发展搭上了高质量发展的快车，乡村的老百姓在新时代发展道路上不掉队。例如，云南省积极探索推广将绿水青山转化为金山银山的路径，将公路建设和当地生态环境、城乡发展有机融为一体，走出一条生态优先、绿色发展的新路子。云南省地处长江上游，金沙江干流在境内流经的不少地区贫穷落后，人民群众需要通达的小康致富路，更需要绿色的持续发展路。大丽高速公路首次在勘察、设计上引入"公路旅游文化"的理念，处处都能看到别具一格的少数民族文化符

号，古老和现代交汇融织，自然与人文相映生辉，公路的畅通有效拉动了沿线旅游资源，解决了当地居民的就业问题，带动生态旅游，带来绿色财富。

三、绿色——绿色公路引领人与自然和谐发展的核心内涵

绿色是人与自然和谐发展的核心内涵，也是绿色公路缓解人地矛盾、集约节约利用自然，保护环境，减少人类活动对环境的扰动的核心要义。

（一）减污降碳协同增效

交通运输领域实现碳达峰、碳中和目标愿景，面临2个新挑战：一是交通方式"高碳走向"与"低碳导向"的冲突。二是交通运输面临减少污染物排放和降低碳排放的双重任务。基于此，公路交通领域提出了"减污降碳协同增效"的绿色理念。即，减少公路发展、建设、运营、维护对环境的影响，把降碳作为源头治理的"牛鼻子"，协同控制交通运输领域温室气体与污染物排放，协同推进碳减排与碳汇建设。加快推进"公转铁""公转水"，提高铁路、水运在综合运输中的承运比例。发展城市绿色配送体系，加强城市慢行交通系统建设。加快新能源车发展，逐步推动公共领域用车电动化，有序推动老旧车辆替换为新能源车辆和非道路移动机械使用新能源、清洁能源动力，探索开展中重型电动、燃料电池货车示范应用和商业化运营。

（二）畅安舒美扩绿提质

除减少公路对生态环境的负面影响外，还应大力提高公路及附属服务对生态环境的正面影响，即"畅安舒美扩绿提质"的绿色理念。公路交通以绿色化养护和智能化管理服务为重点，推进养护转型、强化管理升级、促进服务提质。以"道路畅通、行车安全、体验舒适、环境优美、路侧绿化"为目标，树立全寿命周期成本最优的养护理念，把日常养护与"四新"技术运用、预防性养护、危桥危隧整治、安防工程、灾害防治工程相结合，持续推进及时养护、绿色养护、生态养护，为社会提供良好的道路交通条件。通过提升公路沿线绿化美化水平，增强路域碳汇水平，实现道路生态景观与生态功能的结合。

四、开放——绿色公路完善发展的必由之路

（一）优化国际开放水平：绿色公路标准开放

交通运输部公路局组织编著并出版了《绿色公路建设技术指南》，绿色公路与绿色服务区评估技术要求交通行业标准于2018年颁布实施，广东、云南、江西等省制定了具有地域特色的绿色公路建设技术指南与评价标准，形成了行业与地方标准协同的绿色公路建设、评价技术体系。我国绿色公路标准体系较为完善，未来，绿色公路标准的区域间共享是绿色公路开放发展的必由之路。

（二）打开行业发展前景：绿色数据行业间开放与共享

随着建设项目环保"三同时"及竣工环保自主验收监管机制的推行，公路行业智慧管理平台逐步推出，平台数据可得性逐渐增强。在智慧管理平台的发展下，数据的开放与共享将有效支撑对交通建设项目落实环评制度情况开展施工过程中的自我环境监管，便于智能、精准、高效的环评事中事后监管，绿色数据的行业间开放将为行业发展打开前景。

五、共享——绿色公路促进共同富裕的必然落点

（一）交旅融合：公路发展让生态景观与绿色产品实现城乡共享

在符合路网规划功能的前提下，新建公路走廊带选择考虑促进项目区域经济社会协同发展，兼顾经济和社会效益。走廊的选择辐射带动相关城镇节点，便捷相对多数群众出行，更好吸引交通流，最大限度发挥区域路网效益，同时兼顾经济欠发达地区扶贫开发需求，体现社会效益。

对于旅游资源丰富地区，走廊带在不影响生态环境的前提下，尽量靠近特色旅游与特色产业发展区，促进交通与旅游、交通与产业的共同发展，使生态景观与绿色产品实现城乡共享。

（二）乡村振兴：绿色公路让乡村共享社会发展成果

乡村振兴的总要求是"产业兴旺、生态宜居、乡风文明、治理有效、生活富裕"，实现共同富裕的特征是以解决地区差距、城乡差距和收入差距问题为主攻方向，针对相对薄弱地区、农业农村、困难群体等重点精准施策，逐步缩小居民的收入和消费差距。城乡交通运输一体化发展，尤其是特色绿色公路的发展，通过推进交通运输资源的全域覆盖、城乡共享，进而促进城乡要素双向自由流动和公共资源合理配置，有效改善乡村经济发展的环境和条件，畅通城乡经济循环，推动乡村振兴战略实施，从而更好地服务于群众出行和城乡经济社会发展需要，实现共同富裕。

第五章　技术创新

一、资源节约

（一）土地集约节约利用

1. 充分利用现有通道资源

减少资源占用，集约节约利用资源是绿色公路选择的重要考虑因素。公路建设应最大限度地节约土地资源，减少占用耕地、林地和草地等优质土地资源；过江通道资源紧张的地区，可考虑高速公路与地方道路、公路与铁路等共用通道，合建过江桥梁；改扩建项目要最大限度地利用既有工程，对扩建方式进行多方案比选，因地制宜采用平面扩建或立体扩建，减少新增建设用地，减少拆迁（图5-1）。

图5-1 为减少占用耕地，沿坡脚布线的公路

公路与公路、铁路、防洪堤等平行布设时，应按照"统筹规划、合理布局、集约高效"的原则，统筹利用通道资源，合理利用空间，避免土地资源分割与浪费（图5-2）。

图5-2 公路与铁路共用走廊

2. 节地选线

在总体设计时，对高速公路进行节约用地设计，需对路线方案进行研究；同时结合用地和占用农田等情况，进行多种方案的论证比选，使路线平纵线形、路基、桥隧、路线交叉、沿线设施等相互协调统一。优先选择最大限度节省用地、保护耕地的方案，尽量保证工程量不增加，充分利用荒山、废弃地、劣质地。大的路线方案确定后，再在具体的微观的节约用地方面进行精细考虑。

公路设计阶段是结合桥梁、隧道、互通立交等大型构造物和规模，在已确定高速公路的规模、技术和走向的前提下，选用合理的标准，不断优化路线线形的过程。

在初步设计阶段，设计方案的比选较重要，特别是占地面积的控制。应结合可行性研究报告的设计原则、控制指标对关键路线和各环节用地控制指标提出合理的方案；研究实现用地限制的可行性，特别要注意对用地面积有较大影响的因素进行多方案的比选。施工图设计是施工企业实施施工的依据，直接决定着占用土地的多少。施工图设计阶段应认真进行技术指标分析，严格控制在批准的用地面积范围内，并有所节约。

3. 取（弃）土场改造复耕

在取土之前应将表层土进行剥离保护，优先选择沿等高线取土。应对取土开挖形成的裸露边坡设置防护工程和排水工程，弃土完成后进行覆土绿化或复垦还田。对于大型取土场难以恢复原状的，应与地方相关部门联系沟通，使其能兼顾农田改造、水利、环境保护及开挖鱼塘、藕池和蓄水池等。

弃土场填筑前应先清除地表范围内腐殖土，对腐殖土应集中堆放，待弃土完成后用于弃土场表层复耕或绿化。根据弃土场位置与地形特点，在其四周修建适宜的拦挡工程，设置完善的截水沟，截排周边坡面汇水，防止地表水直接掏蚀松散弃土，引发水土流失。

取（弃）土场复垦可采用农业复垦和渔业复垦等形式。对于取土场，应首先进行场地平整，有一定坡度的，可按梯田分块处理。场地平整后，将预先剥离的表土对整个场地进行覆土，覆土厚度以50~60cm为宜，对于养分流失严重的表土，可以采用化肥改良；对于弃土（渣）场，应合理设置挡土墙或拦渣坝，并对弃土、渣进行压实，满足复耕或绿化要求（图5-3）。

所在区域自然生态脆弱，施工过程中对天然平台进行分级削坡开挖取土。在保证边坡稳定性的情况下采用植生袋防护，对最下一级边坡采用薄层有机基材喷播的绿化防护，取土平台采用灌草绿化。

图5-3 弃土场植被恢复良好

结合弃土场的位置与地形特点，因地制宜，对弃土场进行复垦恢复，种植农作物，在避免了水土流失的同时，实现与周围环境很好的融合，取得了良好效果（图5-4）。

图5-4 弃土场改造为农田

4. 低路堤和浅路堑

平原微丘区低路堤是最合理的选择，可宽容失控车辆，节省边坡防护工程及路侧安全设施。另外，对软弱土，可大大降低地基处理的难度和工程造价（图5-5）。路基填土高度一般遵循下列原则：

①综合考虑地表水、地下水、毛细水、盐分、温度等对路基性能的影响，遵循满足路基长期性能要求和节约土地的原则，低路堤高度不宜小于路基处于中湿状态的临界高度。

②季节性冻土地区，路堤高度不宜小于当地路基冻深。

③低路堤方案需处理好沿线构造物、地方道路、水利设施等设置问题，可通过调整路网规划，适当归并乡村道路，合理布设分离式立交、通道和天桥等方式解决。

事实上，当路堤高度不满足最小填土高度时，可开挖原地面后回填压实，地基土满足填料要求时，不需要另外借土，分层回填满足路床压实度要求即可。当原地面含水量较高时，可翻挖晾晒、设置盲沟引排地下水。当路基防冻不满足要求时，可设置粒料垫层等措施，降低路堤临界填土高度。

图5-5 低路堤是平原微丘区路基的合理形式

荒漠、戈壁及草原地区一般地下水位低、地质条件好、构造物少且降水量小，因而沙漠、戈壁及草原等地区的公路，应结合地形尽量设置低路堤、浅路堑，有条件时应采用缓于1∶4的坡率，为失控车辆的恢复和自救提供更大的机会（图5-6）。挖方路段避免采用敞口式边沟，以扩大路侧净区有效宽度。

图5-6 低路堤、浅路堑、缓边坡便于失控车辆的恢复和自救

5. 路基填挖土石方合理调配

应综合考虑现场交通条件、桥隧布设位置等因素，加强土石方的统筹利用。根据不同路段要求，将隧道洞渣及路基开挖产生的土石方视作建筑材料，统一规划、分类利用、合理调运，尽量做到"零弃方、少借方"，提高资源利用效率，降低工程造价，减小对周边环境的影响。

注重土石方平衡，山岭重丘区公路建设项目土石方量一般较大。土石方即使能达到全线平衡，也并不能完全避免局部路段的不平衡。考虑到分标段施工土方调配困难及运输条件等影响，要实现"零弃方、少借方"的建设目标,难度较大。对于山岭重丘区项目,既要注重土石方的整体平衡,也要加强分段土石方的平衡。为达到土石方平衡目标,有效的办法是反复调整优化平纵指标。越岭线隧道进出口路段,可结合地形地质条件,适当提高洞口高程,增加隧道连接线填方数量,消化隧道弃方;对于平原、丘陵和山岭区之间的地形变化段,增加路线纵坡长度和坡度,更有利于适应地形和运行速度变化,减少填挖数量。

6. 表土资源保护利用

（1）表土资源调查

表土中含有丰富的有机质及土壤种子库,是植物生长基础,也是生态恢复的重要资源。公路设计中应充分调查土地利用类型、植被类型及对应表土厚度,分析不同类型表土养分结构特征,并根据调查分析结果,总结出各类表土质量、可收集性和收集厚度,指导公路施工清表和表土收集工作。

（2）表土资源收集

根据不同地区、土壤类型、气候特点和地形特征等因素,结合工程特征和施工工艺,因地制宜地制定表土收集方案与计划。表土收集可结合公路施工场地规划设计,原地保存或保留表土,例如互通环内、隧道口两幅交叉三角区等区域的表土,在不影响施工作业的前提下,可不进行清表,亦可作为表土堆放场地（图5-7）。

图5-7 表土收集

（3）表土资源堆放

设计中应明确指定表土临时堆放地点,尽量利用互通立交区、服务区等公路永久用地进行表土堆放,并做好临时防排水以及扬尘控制措施。表土堆场可按四边形形式,按上窄下宽的形式拍实堆放,并在周围围挡编织土袋,周侧做好排水设施,防止径流冲刷;表土堆放结束后应及时苫盖,堆放时间过长的还可撒播草籽临时绿化,防止雨水冲刷。

（4）表土资源调配利用规划

遵循就近、经济、合理利用的原则，开展表土资源调配利用。对于缺土严重又无法内部调配的标段，可在表土资源富裕的临近标段适量调配。在规划设计中，分析公路沿线不同类型表土分布数量特征，并结合场地恢复工艺方案、表土利用限制因素等分析不同类型表土利用价值，提出表土资源调配利用规划方案。

（5）表土利用

表土利用可分为直接回填和筛分利用，应根据恢复场地的植被营建要求、植被建植工艺等确定利用方式。对于取（弃）土场、施工营地、拌和站、沿线裸露废弃地等场地可直接回填利用；筛分利用应结合利用机械、工艺要求，如对边坡客土喷播，可将表土过筛后用于喷播基材或配制喷播泥浆；用于装填植生袋、中分带、景观绿化场地表土回填时，可人工捡除表土中大块石头、枯枝等（图5-8）。

图5-8 公路表土回覆利用

（二）施工期永临结合

1.施工便道永临结合

在设计阶段对便道进行合理规划，充分考虑便道与地方道路永临结合，并严格控制便道开挖规模，努力降低便道实施对环境的影响。鼓励利用已有道路作为施工便道，完工后将施工便道交给地方使用。坚持"不降低原有功能"的原则，对施工重载车辆造成

图5-9 施工便道与地方道路永临结合

的损坏及时修复；对当地道路不满足施工要求的，可根据需要局部提升技术指标；施工便道修建尽量与当地的路网规划和交通出行相结合。施工便道宜尽量利用现有道路，新建施工便道应严格控制用地数量，尽可能在征地红线内路基坡脚修建（图5-9）。

2. 临建设施永临结合

项目参建单位项目部驻地、预制梁厂等临建设施充分考虑与既有建筑及地方规划的永临结合，预制梁厂规划建设在主线路基上，减少土地资源占用和临建造成的浪费（图5-10）。

图5-10 预制梁场建于路基

办公区、生活区可租赁沿线质量可靠、安全合格的房屋，减少临建用地；驻地用房在工程完工后可移交当地继续使用。临建设施宜采用工厂预制、现场装配的可拆卸、可循环使用的构件和材料，尽量减少建筑垃圾（图5-11）。

图5-11 项目驻地临时用房

3. 施工用电永临结合

与地方电力部门合作建设施工电网，施工结束后转为当地民用；施工用电与服务区、隧道机电等设施的永久用电合并建设。隧道供配电应统筹规划，按施工和运营期"永临结合"的方式、一次设计分期实施的原则，实现供电一次接入，永久使用，降低投入成本，避免重复建设（图5-12）。

图5-12 隧道外供电永临结合

4. 施工期临时排水与永久工程的结合

路基施工过程宜设置永临结合的排水设施，如设计合理，衔接得当，在保证路基稳定不受冲刷的同时，可缩短工期、降低施工成本。施工期设置的临时边沟、临时截水沟，在结构和位置方面宜考虑与永久排水工程措施相结合；滑坡处治设计中用于抢险设置的排水体（如排水孔、渗沟等），宜考虑和永久工程相结合，使排水措施一次到位，避免工程浪费（图5-13）。

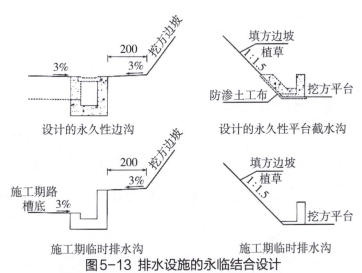

图5-13 排水设施的永临结合设计

隧道结合洞口地形、地物条件，按照永临结合的原则，合理设置洞口废水的处理和排放方式。隧道洞口设置污水处理池，对隧道施工、运营期产生的污水进行处理后排放。洞内污水流出隧道后，首先应进行油水分离，然后流入沉淀池进行过滤（图5-14、图5-15）。

图5-14 洞口油水分离池

图5-15 洞口沉淀池

5. 改扩建项目交安设施永临结合

（1）交通标志标线"永临结合"设计

改扩建公路项目存在大量的永久工程和临时工程，可将永久交通设施与临时交通设施统筹考虑，以降低工程投资，节约资源。通过合理组织施工工序实现改扩建公路的交通标志、标线的"永临结合"。

（2）护栏"永临结合"设计

改扩建施工期间，可结合施工交通组织计划，对混凝土护栏的墙体部分提前预制，用作隔离行车区域与施工区域的临时设施，或者隔离临时对向行车的隔离设施，后续再吊装利用做混凝土护栏，从而实现护栏"永临结合"设计。

6. 施工期绿化永临结合

项目施工过程中，将部分绿化工程纳入土建施工中提前实施，提升建设期的景观绿化效果。避免了重复建设，更加及时的覆绿，节约了成本，保护了环境（图5-16）。

图5-16 绿化永临结合

（三）废旧资源循环利用

集约节约要坚持"循环利用就是最大的节约"原则，提高资源能源利用效率，减少资源能源消耗总量和废物产生量，推进循环再生利用。以少的资源占用，获得更多的功能、更多的服务、更美的风景、更多的资产是绿色公路所应追求的。

1. 大宗工业固体废物利用

提倡大宗工业固体废弃物在公路建设中的综合利用。对于煤、铁矿产资源丰富地区，可将煤矸石、铁尾矿砂等矿山废弃物应用于路面结构层，替代部分石料，减少废弃物堆放对土地的占用。根据工程对结构层材料的性能要求综合确定矿山废弃物的合理掺量，提高废弃物资源化利用水平。

钢铁厂的钢渣属于碱性集料，与沥青的黏附性能好，经过配合比优化设计，可以替代玄武岩等优质石料在沥青面层中使用，制备各项路用性能指标满足规范技术要求的钢渣沥青混凝土。工程中多采用天然石料与钢渣复配技术，具体掺配比例根据沥青混合料配合比设计结果确定。煤矸石主要可用在公路工程中软土地基处理、路基填筑，以及低等级公路的路面基层中。

2. 建筑垃圾无害化处理利用

我国建筑垃圾数量目前占到城市垃圾总量的30%~40%，全国每年产生的建筑垃圾多达20亿t。巨量的建筑垃圾露天堆放不仅占用土地资源、污染环境，而且有损城市形象。建筑垃圾的妥善处理和再生利用，已成为城市发展需要解决的一大难题。近几年来，公路、铁路等基础设施建设对砂石等筑路材料的需求不断增长，而国家对矿山、土地等自然资源的管理日趋严苛，基础设施建设所需要的基本筑路材料获取较为困难，且成本不断上涨。综合利用建筑垃圾再生材料成为很多区域解决公路筑路材料短缺、减少环境污染的一种有效途径（图5-17、图5-18）。

当前公路筑路材料比较缺乏，而城市建设和旧建筑物拆迁产生的大量建筑垃圾需要消化处理，借用国外经验进行建筑垃圾再生利用成为必然选择。面对国内建筑垃圾再生利用没有规范的现状，建设单位组织科研人员开展建筑垃圾再生应用课题研究，实行建筑垃圾工厂化再生。

图5-17 建筑垃圾再生填料路基填筑

图5-18 建筑垃圾再生填料处理软地基

3. 隧道洞渣综合利用

建设项目应打破标段界限，在项目立项及招投标阶段确定项目洞渣利用的理念和初步方案，在设计阶段按照填挖平衡的原则进行设计，施工阶段做好施工组织设计，对全线的隧道洞碴、路基弃方进行摸底调查，编制利用和废弃方案。将部分可利用洞渣加工成碎石和机制砂后应用于路面施工，部分可利用洞渣片石应用于护坡、挡土墙、排水沟等砌体圬工结构，部分可利用洞渣破碎后用于路基填筑、软基换填和涵台背回填等，使洞渣资源得到充分利用，显著减少土方开挖量和洞渣弃方量，最大限度减小对自然环境的破坏，大大节约工程成本（图5-19、图5-20）。

图5-19 隧道洞渣综合利用调配方案图

图5-20 利用石渣加工材料

4. 废旧沥青路面再生利用

沥青路面再生利用技术是采用专业设备将旧沥青路面经过翻挖、回收、破碎、筛分等处理后，与再生剂、新沥青材料、新集料等按一定比例重新拌和成混合料，并重新铺筑于路面的再生工艺。与传统工艺相比，可减少新材料用量、降低成本、节约自然资源、实现废料循环利用、保护环境等优势（图5-21）。

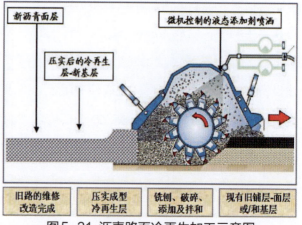

图5-21 沥青路面冷再生加工示意图

5. 废旧橡胶颗粒循环利用

橡胶沥青作为新型的路面材料用于沥青路面可改善路面使用功能，延长路面使用寿命，减轻轮胎废弃带来的环境压力，符合国家当前发展循环经济的政策。橡胶沥青混合料以其良好的路用性能和显著的社会效益和经济效益，在道路建设领域中得到了广泛应用。

橡胶沥青混合料按其生产工艺不同，分为湿法和干法。目前，湿法橡胶沥青混合料运用较多，可用于各种等级公路新建和改扩建工程，适用于沥青路面的各结构层位。橡胶沥青混合料具有良好的高温稳定性、抗疲劳性、水稳定性、低温性和延缓反射裂缝等路用性能，同时能降低路面的行车噪声（图5-22）。

橡胶沥青还可用于应力吸收层、碎石封层、防水黏结层或填缝料等。橡胶沥青碎石封层的主要作用是封闭表面细小的裂缝，阻止水的侵入，损坏基层和路基。另外，还可作为应力吸收层或防水黏结层，直接铺设在原有老路的表面或桥面混凝土铺装上，然后在其上直接铺设沥青面层，其主要目的是延缓原有沥青路面裂缝反射到表面，同时加强新铺装的沥青混凝土与老路或桥面水泥混凝土的黏结，防止路表水下渗（图5-23）。

图5-22 橡胶沥青路面施工

图5-23 橡胶沥青防水黏结层在桥面上施工

6. 废旧轮胎用于边坡防护

将废旧轮胎回填耕植土应用于石质边坡防护绿化，利用废旧轮胎固土，将废旧轮胎变废为宝的同时提高石质填方边坡的绿化效果。废旧轮胎骨架植草防护即是将废旧轮胎依次按照"人"字形结构形式用锚杆固定在石质边坡码砌表面，然后在轮胎上表面覆盖一层镀锌铁丝网，再将土壤填充至轮胎结构面空间内，填充厚度约20cm，而后在土壤表面敷设一层约5cm厚的泥土然后喷薄植草籽，最后用网布覆盖防护表面，定期洒水养生（图5-24）。

图5-24 废旧轮胎安装及覆土图

7. 混凝土3D打印技术

3D打印（3DP）即快速成型技术的一种，又称增材制造，是一种以数字模型文件为基础，运用粉末状金属或塑料等可黏合材料，通过逐层打印的方式来构造物体的技术。混凝土3DP指采用挤出堆叠工艺实现混凝土免模板成型的建造技术，其中混凝土配制可采用粉煤灰、粒状高炉矿渣粉、硅灰等矿物掺合料（图5-25）。

图5-25 混凝土3D打印声屏障

（四）水资源节约利用

1. 预制梁智能喷淋养护

为满足当前的预制梁板规模化、集约化生产及质量需要，采用混凝土智能化养生系统。通过使用智能变频技术实现恒压供水控制，在节约用电的同时，产生均匀的雾化效果，达到养护用水的充分利用。并配合养护用水汇流水池，实现养护用水的循环回收再利用，与传统的人工洒水养护相比，在耗电、耗水和人工成本等方面均有较为明显的节约效果。同时有效提升混凝土的养护质量和桥梁的使用耐久性，系统的智能变频控制技术能起到节约电能的效果，对于水源的充分利用和循环回收再利用实现了水源节约，自动化的操作系统也大大节约人工成本（图5-26）。

图5-26 预制梁场自动喷淋养生系统应用工艺

2. 高墩喷淋养生技术

高墩桥梁采用高墩喷淋养生技术，在墩身四周设置养生池，用水泵将水抽

图5-27 高墩喷淋养生

入通长输水管道,再进入架体喷淋水管,最后通过水孔喷射在墩身上进行养生,与砼接触后形成水滴,砼吸收后,多余的水沿着墩柱表面回流至养生池,从而达到循环养生效果。该技术既提高了水的利用率,节省了水电资源,又保证了墩身混凝土表面始终处于湿润状态,提升了墩身喷淋养护的效果,最终提高了高墩墩身的整体质量(图5-27)。

3. 服务区雨水回用

服务区雨水采用"渗、滞、蓄、净、用、排"等方法并举,对服务区场区外地表径流、建筑物屋顶雨水进行收集,用于绿化灌溉或接入服务区中水管网用于冲厕(图5-28)。

图5-28 服务区绿地内设置雨水收集系统

4. 服务区中水回用

以服务区为代表的公路附属设施,当其周边建有市政污水管网时,宜优先将污水排入市政管网,依托市政污水厂集中处理;当污水无法接入市政管网时,应自行建设污水处理设施,将污水妥善处理后达标排放,或进行深度处理后作为中水回用。服务区、停车区绿地应根据需要配置灌溉设施,灌溉用水宜利用中水,中水水质应符合国家相关标准的规定(图5-29)。

图5-29 服务区中水回用处理系统

二、生态保护

（一）生态选线

1. 绕避环境敏感区

坚持生态环保选线，贯彻"不破坏就是最大的保护"的生态文明理念。尽量避免出现高填深挖路段，保护原始地形地貌；尽可能绕避区域内各种自然保护区、风景名胜区、世界文化和自然遗产地、饮用水水源保护区、森林公园、地质公园、重要湿地等环境敏感区（图5-30）。

合理确定路线与沿线树林、村庄、河流、微丘高山等原始地貌的关系，重视公路与原始地貌的融合，不能因路废景，最大限度地减少路域环境破坏。

图5-30 沿山坡坡脚和沿河岸布线的高速公路

2. 优化涉水桥梁

由于深水区设主墩对水域生态环境影响较大，且存在一定的施工风险，项目实施阶段，通过生态选线及结构多方案比选论证。通过优化桥梁结构形式，在路线穿越鱼类生物多样性自然保护区实验区路段，选取连续刚构桥梁设计方案，避免在江水中设桥墩。

3. 以隧代桥保护山体植被

桥梁较多的山区高速公路，生态土质覆盖层薄，大部分路段基岩外露且岩石破碎，多处桥墩位于岩质陡坡，施工条件困难；须在沿线大规模修筑施工便道、爆破开挖施工平台，对生态环境影响大；同时对主体结构和施工人员存在安全隐患。当发现高陡坡路段修建桥梁开设的施工便道对现状地表扰动大，破坏现状生态植被，桥梁基坑开挖山体容易造成水土流失后，及时调整工程方案，以隧代路，适当增加了工程费用，避免在高陡山坡开挖基坑，一方面保护生态环境，另一方面也降低施工风险与运营风险。

（二）生态修复

1. 近自然边坡生态修复

（1）客土喷播绿化

客土喷播是以团粒剂使客土形成团粒化结构，结合加筋纤维，形成具有一定厚度的具有耐水、风侵蚀，牢固透气的多孔稳定土壤结构。客土基材材料、配比及喷播厚度应根据不同地质条件、施工天气、边坡类型、厚度及年平均降水量等不同因素而定等要素确定，做到对症下药，用量各有不同（图5-31）。

图5-31 客土喷播技术绿化效果

（2）生态袋固土

生态袋（是一种高分子生态袋，原材料为聚丙烯或聚酯纤维）内填充客土、肥料、保水剂等混合基质材料，在材料上表面均匀撒上混合草籽，形成生态袋单元，将袋体自下而上沿边坡表面层层堆叠，形成稳定的柔性护坡结构，达到牢固的护坡效果（图5-32）。

图5-32 生态袋护坡技术绿化效果

（3）植物纤维毯护坡绿化

以植物纤维（椰丝、秸秆等）为主要原材料，内附多样草籽、保水剂、有机肥料等，结合加筋衬网形成毯状，达到抗水蚀、风蚀、固化地表、防止水土流失、储存地表水的目的根据坡面立地条件选择适宜的规格指标,如纤维毯强度、纤维毯厚度、分层结构、是否含草种等不同类别(图5-33)。

图5-33 植物纤维毯恢复效果

(4)营造近自然地形

地形设计须因势就形,做自然式过渡,对坡顶、坡脚以及端部的折角采用贴近自然的圆弧过渡处理,使边坡由常见的直线型变为仿山峦原貌的圆弧型,达到自然和谐的效果。如图5-34某公路土质和软石边坡坡顶及坡侧修整成大圆弧过渡,二级及以下边坡修整成自然山包型(曲化),多级边坡平台外侧边修整成小圆弧过渡,使坡面成曲线流线型,取得了良好效果。

图5-34 边坡圆弧处理

(5)利用表土及种子库恢复植被

充分利用分步清表收集的表土,结合相应的恢复技术进行植被恢复,改善植被生长条件,加速坡面植被稳定群落结构的形成,最终达到与周边环境一致的植被类型。

对于原生植被濒临消失的敏感区植被诱导恢复,可充分利用清表收集的土壤种子库恢复原生植被群落,根据土壤种子库特征进行群落结构配置,进行受损植被恢复。

2. 实施全面复绿

公路沿线的生态环境不可避免受到影响,尤其是施工临时占地、弃渣、石料和土料开采对原生生态环境造成一定程度的破坏,如果不进行及时而有效的恢复会给自然界留下永久的伤疤。

对全线施工便道开挖坡面、弃土场、桥下地表、陡坡墩台附近坡面等位置采用绿色生态防护，增强弃土场及陡坡墩台边坡稳定性；桥下地表和施工便道实施全面复绿，践行"绿色公路"建设理念。未硬化的施工便道，施工结束后可根据沿线居民需求，碎石硬化后移交居民使用或将压实的土壤层进行翻松处理后恢复绿化。实施全面复绿，最大限度地恢复植被，降低了公路建设对环境的影响。

3. 高分子蜂巢约束系统护坡技术

采用高分子复合合金蜂巢约束结构，由巢室、填料、土工布和植被构建的稳定表土、边坡防护、绿化坡面的复合覆盖保护层（图5-35）。与传统技术相比较，该技术具有稳定耐久、生态环保、施工便捷的特点与优势，在生态边坡保护、桥头台背防护方面具有显著优势（图5-36）。

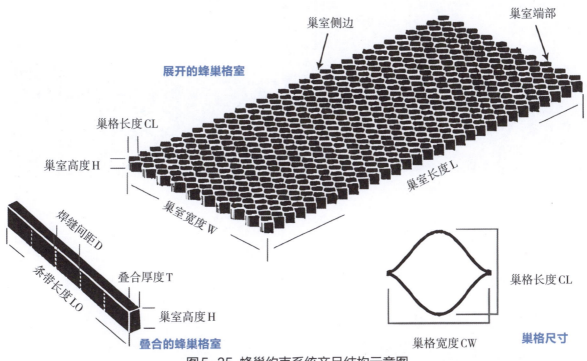

图5-35 蜂巢约束系统产品结构示意图

图5-36 蜂巢约束系统边坡防护

4. 植被混凝土技术

采用特定混凝土配方和混合植绿种子配方对岩石（混凝土）边坡进行了防护和绿化的新技术。此项技术的核心是植被混凝土配方。它是集岩石工程力学、生物学、土壤学、肥科学、硅酸盐化学、园艺学、环境生态学和水土保持工程学等学科于一体的综合环保技术。

植被混凝土喷播技术主要优点：具有一定的强度和整体性能，又是良好的植物生长基材，能够达到边坡浅层防护、修复坡面营养基质、营造植被生长环境、促进植被良好生长的多重功效。混凝土绿化添加剂的应用不但增加护坡强度和抗冲刷能力，而且使植被混凝土层不产生龟裂，又可以改变植被混凝土化学特性，营造较好的植物生长环境（图5-37）。

图5-37 植被混凝土效果

5. 边坡三联生态防护技术

集安全防护与生态修复为一体的坡面防护技术，由物理防护、抗蚀防护、植被生态修复防护三重措施联合防护边坡。特别适用于干旱半干旱、湿润半湿润、高寒冻融、强降雨地区和风积沙、湿陷性黄土、红壤土、红砂岩、岩石、土石等质地的边坡防护。

第一联（物理防护）：根据高陡边坡质地、坡比坡度等裸坡情况进行设计，确定主、辅锚杆规格以及防护面积、材料及型号，工艺设计等。

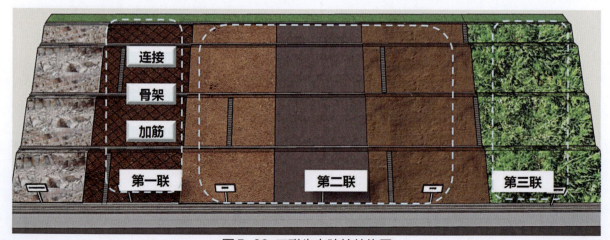

图5-38 三联生态防护结构图

第二联（抗蚀防护）：主要通过生物（物理）抗蚀黏结材料，抗风蚀、雨蚀，保土保水。不同的区域、环境和气候条件不同，基材配比方案也不同。

第三联（植被生态防护）：采用3S-OER植被建植技术，是指3个生态系统，即土壤生境系统、植被群落系统和物质循环系统。包括三大技术体系：生境改良重塑技术体系、群落配伍及建植技术体系和循环系统重建及优化技术体系。

（三）动植物保护

1. 原生植被保护

互通匝道环内、隧道鼻端区域、桥头锥坡区域等区域的原生植被，根据景观营建需要进行全部或部分保留。服务设施红线范围内可结合房建设施微调实现对重要目标植被的就地保护，对其他保护植物及具备观赏价值的乔木有必要时可以迁地保护，为景观营建回栽提供资源。

在不影响视距的区域，匝道环内的地形地貌、原生植被应最大程度原地保护和利用，提高互通的景观效果和水平，降低后期的绿化成本（图5-39、图5-40）。

图5-39 互通立交匝道环内的原生植被保护

图5-40 互通区转弯处保证实现通透，环内保留原生植被

隧道进出口开挖轮廓线外植被尽可能保留，减少隧道开挖对原生植被的影响（图5-41、图5-42）。

图5-41 截枝断顶，保护桥下树木

图5-42 隧道口植物保护

2. 野生动物保护

野生动物专属通道主要分为上跨式通道和下穿式通道。通过综合分析拟设通道位置周边的栖息地、地形和目标穿越物种习性等要素，来确定拟设通道的跨越形式。根据国际经验，推荐优先选用上跨式通道（类似于山区隧道上方通道）。若选用下穿式通道，需要综合考虑净空、噪声等条件，确保通道的有效性，典型下穿式通道（图5-43）。

为实现节约利用土地资源，落实绿色公路通道集约利用措施，动物通道可采用兼用通道，兼用通道是指人群与野生动物共同利用的通道。当前我国公路建设中多数桥涵具有兼用通道的功能。桥梁同时为动物使用时，动物通行区域应保证开阔的视野，满足动物交流和判断的需要，设计上应避免采用实体墩及横向断面尺寸较大的桥墩。

图5-43 野生动物专属通道

3. 湿地系统保护

公路建设应避让湿地资源，实在无法避绕时，应对桥梁、涵洞、透水路基等不同构筑物对湿地的影响的缓解效果进行比选评价，选择影响较小且切实可行的构筑物形式。

在鱼类或两栖类动物分布丰富、路侧植被发达、湿地生物多样性丰富的湿地，优先选择桥梁方案，并应尽可能减少桥墩的数量，减少湿地阻隔。若湿地路段过长，可综合采用桥梁、涵洞和透水路基相结合（图5-44）。

图5-44 桥梁形式跨越湿地

（四）生态排水

1. 排水沥青路面建造技术

表面层由空隙率18%以上的沥青混合料铺筑，路表水可渗入路面内部并横向排出的沥青路面类型，又称多空隙沥青路面。适用于年平均降水量大于600mm的地区，以及对路面排水或降低噪声等有特殊需求的高速公路、控制出入条件好的其他等级公路（图5-45）。

图5-45 路面透水沥青铺装

2. 生态边沟

低填浅挖路段或环境景观要求较高的路段，宜优先选用生态边沟。

（1）浅碟形生态边沟

浅碟形生态边沟是在满足公路排水功能的基础上，结合生态防护的理念，因地制宜，与沿线地形、地貌、自然环境相协调，充分考虑驾乘人员的视觉感受，发挥植物的视觉诱导和柔化遮挡作用，努力营造"畅、安、舒、美"的公路行车环境。

普通土质生态边沟：如图5-46所示，利用路基清表土对浅碟形边沟进行压实，表土中已有原生植物种子，通过自然萌发或人工诱导萌发技术，实现边沟中的植被恢复。适用于路面径流较小，纵坡小于4%的路段。

图5-46 浅碟形土质边沟的应用

植物纤维毯生态边沟：如图5-47所示，利用植物纤维毯对已覆表土的浅碟形边沟进行覆盖，减少在植被恢复初期路面径流对表土的冲刷，最大程度地保证植被恢复的效果。适用于路面径流中等，纵坡在4%~6%的路段。

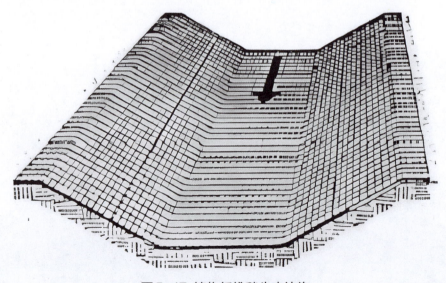

图5-47 植物纤维毯生态边沟

但对于挖方路段较长，汇水区域较大的边沟段落，浅碟形草皮边沟的排泄能力略显不足，且占地较大。

（2）暗埋式生态边沟

暗埋式生态边沟主要通过暗埋于植草边沟下方的矩形边沟排泄雨水，部分解决了浅碟形草皮边沟的排泄能力不足的问题（图5-48）。上部的植草边沟需每隔一定距离设置一处雨水口，连接下部的矩形沟。由于植草边沟流速较慢，时间较长后容易造成雨水口淤堵，影响排水效果，在日常养护过程中需及时清理。

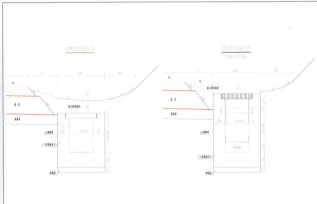

图5-48 暗埋式生态边沟

3. 桥面智能排水系统技术

在跨越大江大河等敏感水体的长大桥梁危化品运输事故应急处置处采用桥面智能排水系统技术（图5-49）。桥面智能排水系统由电控箱、紧急控制按钮、电磁阀机构、预制式线性排水沟等部分组成，其工作原理为：桥面发生污染物泄漏时，事故现场人员通过按下护栏上的紧急控制按钮，或中央控制室人员通过监控观察到污染事故发生后远程操作，关闭事故区域桥面的泄水口，确保污染物流入排水沟槽内并储存，同时通知相关单位进行桥面污染物处理。

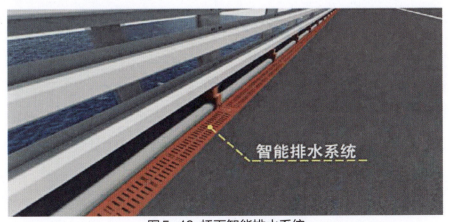

图5-49 桥面智能排水系统

三、污染防治

（一）扬尘污染防治

在居民区、医院、学校、野生动物保护区等环境敏感区域施工，应强化清洁运输、清洁施工与烟气控制，降低施工作业对周围敏感目标以及施工人员健康影响，原则做到施工不扬尘。

1. 临时场站降尘施工技术

料场、拌和站等容易产生扬尘的施工场地应尽量远离人口密集区（直线距离应大于300m），并设置于人口密集区的下风向。料场堆体及料场出入口应布设自动化喷淋装置，保证物料清洁堆放。拌和站应进行有效密封，并加装二级除尘装置。沥青拌和站应配置二次除尘设备以及沥青烟气处理装置，倡导使用全封闭式拌和站，减少环境污染（图5-50）。

图5-50 标拌和站自动洗车图及拌和站出入口自动洗车装置、洗轮池

2. 路基施工除尘

采用粉状材料作为路基填料或对路基填料进行现场改良施工时，应避免在大风天作业。挖填土方、裸露坡面、黄土暴露2天以上，应采用密目网进行苫盖。应加强回填土堆放管理，根据实际情况，分别采取土方表面压实、定期喷水、覆盖等措施控制扬尘。

3. 隧道环保降尘施工技术

采用传统爆破法开挖隧道会产生大量炮烟，出渣采用无轨出渣，汽车、装载机等机械设备将产生大量有害气体，洞内所有烟尘只能通过洞口排出，随着隧洞的加深，通风排烟将十分困难。采用水压爆破技术、水幕/炮降尘技术，保证洞内空气质量和施工人员身体健康，同时能有效减少每循环爆破后的等待时间（图5-51、图5-52）。采用隧道二衬养护除尘喷淋台车，隧道二衬养护与开挖降尘同时进行，提高工程质量，有效回收喷淋过程中浪费的水资源并进行循环利用（图5-53）。

第五章　技术创新

图5-51　水压爆破施工专用水袋及爆破后效果图

图5-52　隧道雾化设备

图5-53　隧道二衬施工采用喷雾除尘台车

4. 脉冲除尘器技术

拌和站引进了脉冲除尘器（图5-54），与传统工艺相比，高效除尘，节能环保，降低了施工粉尘浓度，减少了对施工环境污染，减少粉尘对人体的危害，降低硅肺病的发生率，保障施工作业人员身心健康，尤其对于保障作业人员身体健康意义重大，充分体现了绿色公路以人为本的建设理念。

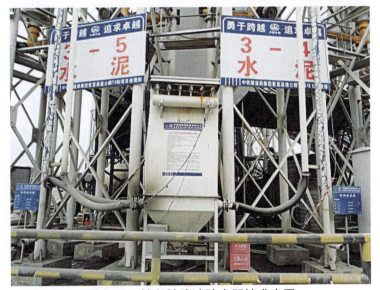

图5-54　拌和站脉冲除尘器技术应用

（二）噪声污染防治

1. 施工期噪声综合防治

针对产生噪声与振动的关键环节与工艺，结合区域社会环境第三区（居民区、学校等）、自然环境敏感区（尤其是野生动物栖息地）等，综合应用敏感目标防护、爆破减振降噪、机械工艺降噪等手段，控制施工噪声与振动的影响幅度与时段。

在施工场界对噪音进行实时监测与控制，现场噪音排放不得超过国家标准《建筑施工场界环境噪声排放标准》（GB 12523—2011）的规定。

制梁场、拌和站等易产生噪声污染的施工场地应尽量远离居民区、学校、医院等敏感区，施工场界距敏感区的距离应大于200m，并将噪声级较高的施工机械布置在远离噪声敏感区的一侧。

施工单位应选择低噪声的施工机械和工艺。振动较大的固定机械设备应加装减振机座，同时加强各类施工设备的维护和保养，保持其更好的运转。

合理安排施工作业时间，降低夜间车辆出入频率。夜间施工避免使用高噪音机械，尽量避免机械集中使用形成噪音叠加。必须连续施工作业的工点，应按规定申领夜间施工证，同时发布公告，最大限度地争取民众支持，同时采取移动式或临时声屏障等防噪声措施。

应对强振动或爆破施工影响范围内的民房进行监控，防止发生安全事故，对受工程施工振动影响较大的房屋建筑采取必要的补救措施；实施爆破前要召开相关单位和居民参加的协调会，通报爆破时间和警示信号，对影响较大的临近居民进行疏散。

2. 公路生态式声屏障建造技术

（1）生态式声屏障

通过将降噪设施和生态垂直绿化有机融合，依靠自然降水保持隔音设施常绿，推广应用生态式声屏障技术。植被结合型声屏障主要通过攀缘绿植砌块墙、分层种花平台墙（图5-55）及砌筑植生袋绿植坡等方式来实现生态环保，同时兼具降噪与绿化美化功能。

（2）废旧轮胎橡胶声屏障

利用废旧轮胎橡胶颗粒作为屏体原材料，将降噪工程、绿化工程、资源利用有机结合，达到资源节约和环境保护的和谐统一（图5-56）。

图5-55 分层种花平台式声屏障

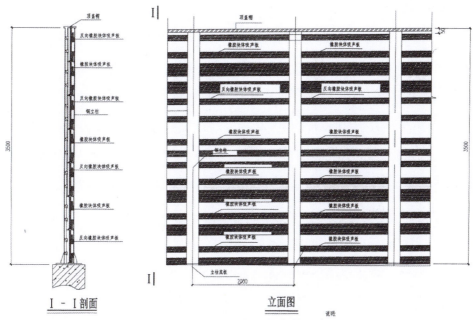

图 5-56 废旧轮胎橡胶声屏障

（3）有源主动降噪声屏障

目前我国公路上使用的所有类型声屏障，全部都是通过利用在道路和居民敏感点之间设置一定高度和长度的屏障阻隔噪声传播，从而达到"被动"降低交通噪声污染的目的，这些屏障的设置会破坏公路，尤其是桥梁的整体造型和景观，在台风区域，较高的屏障也会带来较大的安全隐患。

为了在保证声屏障降噪效果达到环保要求的同时，减少由于设置声屏障对桥梁整体景观的破坏，降低高屏体带来的安全隐患，根据有源噪声控制原理，人为地制造控制声源（次级声源），使其发出的声音与原来的交通噪声源（初级声源）辐射的噪声同幅值而反相位，如同设置了一个"虚拟"声屏障，从而达到"主动"降低交通噪声影响的目的（图5-57）。

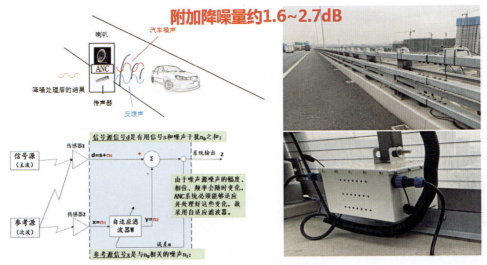

图 5-57 有源主动降噪声屏障

3. 低噪音路面技术

车辆在不同的道路路面上行驶时发出的噪声差异很大,有的差异甚至能达到15dB(A)。路面根据这种声级水平差异,可分为"安静"的路面或"嘈杂"的路面(图5-58)。所谓低噪声路面就是通过改变路面的结构和材料,使其具有良好的降噪效果,把"嘈杂"路面转变为相对"安静"的路面。当车速大于50km/h(小型车和轻型车),低噪声路面降噪效果是非常明显的。目前国际上最常采用的低噪声路面是日本、荷兰、瑞典为代表的多孔性沥青路面(PAC),我国应用最广的也是这种,通常单层降噪量在2~3dB,双层在5dB左右;橡胶沥青材料(ARFC)在美国、波兰、西班牙等国家使用,造价昂贵;多孔弹性路面(PERS)最早由瑞典提出,后日本、荷兰进行了研究,但目前存在面层基层黏合力、防火、防滑性能较差的问题;薄层路面(VTAC)在城市多有应用,耐久性低于单层多孔路面;多孔水泥路面和多孔混凝土路面能够降低约3~5dB交通噪声,但是结构容易破坏且成本较高。

图5-58 低噪音路面

(三)水污染防治

1. 施工期水污染防治

施工污水、废水排放应符合国家相关标准要求,并委托有资质的单位进行排放水质检测。施工单位要积极主动采用经济适用设备或技术,做好废水处理与循环利用工作,不得直接排放污水。

①新建大型施工营地应建设生活污水处理设施,小型营地应建化粪池收集生活污水;"两区三厂"应设置截排水沟及多级沉淀池,施工废水经沉淀处理后循环使用,禁止将施工废水直接排入沿线水体。处理后的施工废水可用于施工场地洒水降尘或混凝土搅拌。

②化学品等有毒材料或油料储存,应按相关要求严格做好隔水层、渗漏液收集和应急处理设计。

③筑路材料（如沥青、油料、化学品等）运输要防止洒漏，料场不得设在水库、河流岸边50m范围内，应采取有效措施避免雨水将材料带入水体，造成水污染。

④鼓励选用先进的施工机械和设备，减少"跑、冒、滴、漏"形成的含油污水量，降低机械设备维修次数。机械、设备及运输车辆维修保养尽量集中进行，以方便含油污水的收集与集中处理。

⑤尽量采用固态吸油材料（如铺垫细沙、棉纱、木屑等）将废油收集到固态物质中，避免产生过多的含油废水；对渗漏到土壤的油污应及时采用刮削装置收集封存。

⑥雨水径流池、蒸发池、坡脚排水沟等，应和路基同步施工，并按照"高接远送"的原则与路基急流槽和天然沟渠相接。

⑦岩溶发育和断层破碎带隧道施工，应坚持"以堵为主"的防排水原则，采取有效措施防止地下水流失。应对隧址周边居民饮用水源点进行监测，发现水量下降明显时应及时采取注浆堵水等措施，控制地下水流失。

⑧隧址位于水源保护区时，隧道进出口除设置废水沉淀池外，还应增加隔油气浮处理设施及净水设施，未处理的废水不能直接排放。

2. 膜曝气生物膜反应器（MABR）污水处理技术

一种生物膜法和曝气相结合技术，利用高透氧疏水膜进行曝气将氧传递到污水中，在靠近曝气膜一侧会慢慢聚集一些需氧的微生物从而形成一层生物膜（分为好氧层、缺氧层乃至厌氧层），从而形成同步硝化反硝化能力（图5-59）。适用于服务区污水处理，具有曝气过程为氧分子自由扩散过程，无须克服反应池内水位高度阻力，曝气高效且显著降低能耗等特点。

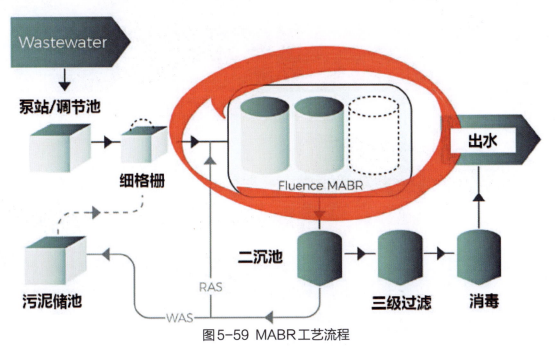

图5-59 MABR工艺流程

3. 公路径流水环境污染防治与风险防范技术

传统桥面径流收集大多是单纯修建收集池，未实现路桥面径流水质自动检测，更没实现主动判别、收集、处置功能，存在对危化品事故响应机制不健全的问题。该技术基于自动控制危化品运输事故蓄纳设施与路桥面径流处理设施一体化设计，形成多级串联组合路桥面雨水径流污染控制技术，实现桥面径流自动监测收集，技术成果先进（图5-60）。

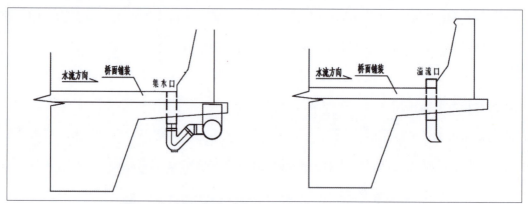

图5-60 桥面径流"收集—溢流"方案断面示意图

该技术是目前国内唯一实现路桥面径流自动化监测和主动收集处置的装备，为解决公路路桥面雨水径流污染控制、危化品运输事故防范提供有力保障措施，全面提升了公路沿线水环境安全保障技术水平（图5-61）。

（a）路桥径流"收集—溢流"方案现场图

（b）路桥面径流收集处理一体化设施

（c）路桥面径流自动监控设备

（d）水环境风险监测预警系统软件主界面

图5-61 路桥面径流收集处理系统技术应用案例

（四）固体废物无害化防治

施工单位应本着减量化、资源化、无害化的原则，对固废收集、处理、综合利用进行专项设计，减轻对环境的影响，营造清洁、清爽、清净的施工环境。

①施工场地内应设置生活垃圾集中收集与清洁贮运设备，处理程序符合相关要求，严禁随意丢弃生活垃圾。生活垃圾集中堆存点应远离水体，并在周围设置防风垛，避免在风力作用下随处飘散，垃圾应集中运至城镇垃圾填埋场处理。拆迁的建筑垃圾应全部运至弃渣场或建筑垃圾填埋场处理。

②工程废渣应严格按照设计规定进行弃渣作业，不得随意堆放。水库附近路段的建筑垃圾、工程弃渣、弃土等宜在24h内运离，运送时应采用袋装或密闭清运的方式，冲洗干净运输车辆，并采取围挡、遮盖等措施防止固废散落。

③施工作业产生的废机油、空油桶、空油漆桶、焊条头等属于危险固废，施工单位应进行收集并临时存放，定期交由有资质的单位进行处置。

④采取新设备、新工艺对固废进行综合利用。可将施工中的伐木、树根等有机材料作为坡面绿化植生基材或作为边坡防护材料进行利用；可将废弃水泥混凝土面板切割后，用于挡墙等圬工体；可采用砂石分离系统回收混凝土余料，重新作为原材料使用。

四、节能降碳

（一）能源节约利用

1. 混合料节能技术

（1）温拌沥青混合料技术

1）温拌沥青混合料拌和与摊铺温度较传统的热拌沥青混合料相比，施工温度通常可以降低15~30℃，拌和时CO_2排放减少约60%，SO_2减少约40%，NO_x类减少近60%。温拌沥青混合料技术的潜在效益见表5-1。

表5-1 温拌沥青混合料的潜在效益

潜在效益	经济	施工	环境
减少油耗	√		√
延迟季节（低温）施工		√	
更好的工作性和压实性	√	√	
减少拌和楼温室气体排放			√
增加RAP的使用量	√		
改善拌和楼和摊铺现场的作业条件			√

2）温拌沥青混合料可用于路面工程的各沥青结构层，性能要求参考热拌沥青混合料，适用场合如下：

①人口密集区道路、隧道道面、地下结构工程道面等环保要求高的工程；

②道路维修养护中的罩面工程；

③较低环境温度条件下施工的工程。

3）温拌沥青混合料技术主要有有机添加剂法、化学添加剂法以及沥青发泡法3种形式。

①有机添加剂法：主要分为合成蜡和低分子量酯类化合物两类。该种材料具有低熔点、降低沥青黏度等特点，可改善沥青混合料的施工和易性与可压实性，提高沥青结合料的抗车辙能力，但会降低低温性能。

②化学添加剂法：将化学表面活性剂加入沥青结合料或沥青混合料中，可在较低温度下减少集料–沥青界面的表面张力，改善低温裹覆以及施工和易性。化学添加剂法的温拌沥青混合料的各项路用性能均能满足我国技术规范的要求。

③沥青发泡法：通过发泡装置或含水材料在热沥青中引入少量水分，当水分散到热沥青中产生气体，沥青随之膨胀，流体的增加有助于改善裹覆和压实。根据产生泡沫沥青的方式不同可以主要分为两类：一是使用含有自由水或结晶水的材料，例如合成沸石等；二是机械发泡法。该项技术对施工温度以及含水量的控制十分重要，必须保证足够的含水量，又要防止水量过多引起抗水稳定性能降低。在降水量多的地区进行泡沫法温拌沥青路面的施工，宜添加抗剥落剂以降低水损害的影响。

其中化学工艺法和有机添加剂法普遍采用进口产品，材料成本显著增加；沥青发泡法中的机械发泡法由于成本低、性能高等优势，逐渐成为国内外温拌沥青技术的主流。

沥青温拌施工的技术核心在于温拌方式及温拌剂的选择，具体产品类型与项目拟采用的沥青和混合料更匹配、温拌效果较好，对混合料性能影响较小，须针对各自项目特点在施工前进行专项研究并铺筑试验段验证，待充分论证后再进行大规模摊铺。

（2）冷拌冷铺沥青混合料技术

冷拌冷铺沥青混合料能够在常温下施工，具有节约能源减少污染，可用于快速修补等优点。常见的冷拌冷铺沥青混合料主要有乳化型和溶剂型两种。

1）乳化型。乳化型冷拌冷铺沥青混合料早期采用乳化沥青（改性乳化沥青）或液体沥青与矿料拌制而成，适用于三级及三级以下公路的沥青面层，二级公路的罩面层及各级公路沥青路面的基层、联结层或整平层等施工。水性环氧–乳化沥青混合料将水性环氧树脂乳液与乳化沥青混合，既保持乳化沥青的优秀特性，又具有水性环氧树脂的高黏结力、高强度等优点。乳化型冷拌冷铺沥青混合料虽然具有较好的路用性能，但其室内养生方式和击实方式尚未形成共识，还需加强长期路用性能、生产与施工配套设备方面的研究。

2）溶剂型。溶剂型冷拌冷铺沥青混合料是由溶剂沥青、矿料及添加剂在常温下拌和形成的，主要用于坑槽修补，其强度随着溶剂的挥发而增大。施工时注意坑槽必须清扫干净，使冷补料与既有路面具有良好的黏结，保证其较好的路用性能。

2. 隧道节能技术

（1）通风智能控制技术

通过对隧道内空气中的有害物浓度、风速、风向等环境参数进行实时监测，根据需要控制通风设备，可以有针对性地提高通风设备的运行效率，降低不必要的能耗，是实现隧道通风系统节能高效运行的重要措施。对位于城市周边的公路隧道和大交通量的高速公路隧道，还可采用远程变频等通风控制技术，通过将控制设备放置在环境良好的设备用房内，远距离驱动射流风机，从而提高设备的可靠性，提高控制效果（图5-62）。目前可以做到根据隧道内环境参数（包括但不限于交通量、CO/VI/NO_x、风向风速、火灾报警等），自动无级调控隧道内射流风机转速，使供风量与隧道正常运营和防灾应急所需风量保持一致，提高节能效果。

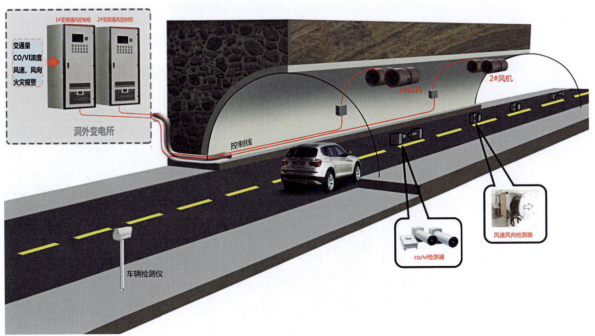

图5-62 远程通风智能控制原理图

（2）光色双指标可控隧道LED照明控制技术

基于隧道内外亮度、色温的差异性，采用具有良好光亮度和光色温均可调的隧道LED照明控制系统，根据实时监测的隧道洞外光环境亮度和色温变化指标，动态调节隧道内LED照明光环境亮度和色温。通过隧道洞内外设置车辆检测器、亮度检测器、能见度检测器、风速风向检测器等终端设备采集现场参数，识别交通量及洞内外亮度等环境变化，并通过控制程序运行综合设定值分析比较，确定最终方案以信号下行至控制执行单元，从而实现人性化自动控制，利用LDE灯的灯源特性进行合理配光和调光，以智能化手段有效管控隧道内的照明负荷，以安全可行的方式最大限度降低隧道能耗（图5-63）。

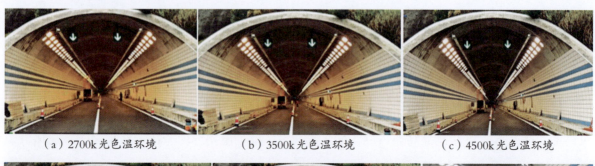

(a) 2700k光色温环境　　(b) 3500k光色温环境　　(c) 4500k光色温环境

(d) 5500k光色温环境　　(e) 6000k光色温环境　　(f) 试验测试调节现场

图5-63 光色双指标可控隧道LED照明控制

（3）蓄能发光涂料应用技术

一种光致蓄能发光涂料，多采用稀土激活碱土金属铝酸盐发光材料、有机树脂或乳液、有机溶剂或水、无机颜填料、助剂等按照一定比例通过特殊加工工艺制成，涂料在任何光源（包括车灯、日光、电灯等）下都能吸收光能

图5-64 蓄能发光涂料应用

并存储起来，光照停止后将储存的能量以光的形式慢慢释放出来（图5-64）。隧道内采用有机硅耐久性保护材料，在提升隧道整体装饰效果的同时给予隧道基面由内至外的防护，防止混凝土碳化，防止钢筋钝化膜破坏，增加混凝土结构物耐久性，延长全寿命周期，从而保持隧道内装的长效性。其优良特性包括绿色环保，不粉化不变色，不黏油污，反复施工无障碍，达到对建设资源的高效利用、减少环境污染、降低长期投资成本。

3. 服务区采用绿色节能建筑设计

服务区采用绿色节能建筑设计，主要包括：建筑总平面规划及建筑物的平面布置设计，建筑门、窗、墙、屋顶及中庭节能设计，围护结构节能设计，自然通风与自然光利用设计（图5-65、图5-66）等。绿色节能建筑设计，充分运用了自然条件，节约了能源和运营维护成本，保护了环境。

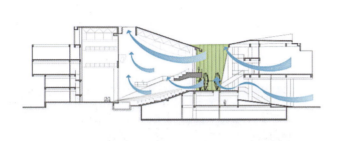

图5-65 自然通风设计

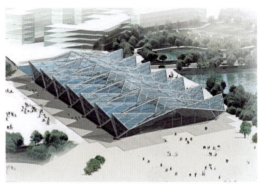

图5-66 自然采光设计

4. 公路护栏低位LED节能照明技术

与传统高杆、中杆和低杆照明灯具不同，公路护栏LED低位节能照明灯具以常规的钢护栏或水泥混凝土护栏为承载体，采用一体化结构设计，低位安装，不需要照明灯杆和支撑基础，缩短灯具与路面的照射距离，将有效光通量100%投射到路面上，减少光损失，提高光效利用率，降低工程建设成本（图5-67）。

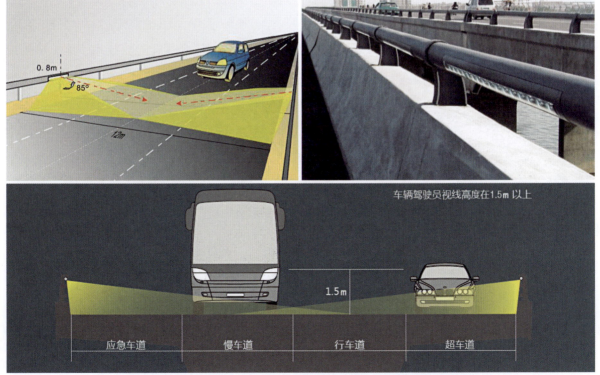

图5-67 公路护栏LED低位节能照明灯具安装与效果示意图

5. 单相分布式智慧供电技术

将分布式智慧供电系统应用于照明配电系统中,智慧供配电系统由上端智能均衡负载稳压电源、下端智能终端电源、供电电缆、监控管理主机构成,形成一个分布式的智能电源管控系统。系统从变电所低压侧引入380V三相电,通过上位机进行按需供电、功率因数补偿、滤波、稳压、谐波抑制等处理后,输出单相3kV交流电,经过相应等级的供电电缆将电力输送到各用电点,在用电点(一个、多个或串型用电点)由下位机将母线电压转变为相应的电压等级为负载供电。大功率无主均流并联分布式智慧供电系统已在多个地区的示范工程中得以应用,包括特长隧道、特大桥及节能减排示范工程(图5-68)。

图5-68 典型示范工程应用场景

(二)清洁能源利用

1. 太阳能、风能利用

综合利用可再生能源、清洁能源及高效节能技术,如太阳能光伏、光热技术、地源热泵技术、光导照明技术、高效节能照明灯具及其控制技术等(图5-69)。

图5-69 可再生能源利用设计

（1）路标

推广抗冲撞、反光性能强、夜间视认性好、耐久耐损坏、养护成本低的新型突起路标。

在雾区路段的车道分界线、车道边缘线、互通分合流端的斑马线边缘处、收费岛头导流线等处可设置太阳能自发光型突起路标（图5-70）。该类路标内置太阳能电池板和蓄电池，不需外补能源，在夜晚和雾天可闪光，有较强的提醒和视线引导作用。

图5-70 新型突起路标

（2）太阳能视线诱导设施

视线诱导标设施要基于视认性水平评价理论、驾驶员驾驶行为及驾驶期望等设计。大力推广耐久、易用、经济的视线诱导标产品研发和应用。

发展太阳能视线诱导设施，节约能源；同时结合新能源主动发光技术提升交通诱导设施的夜间效果。积雪严重地区，积极推广应用环保、耐久、易用的积雪标杆产品。立面标记作为一种经济、实用的主动引导设施，设置在公路车行道内或近旁高出路面的构造物，如桥栏、隧道、涵洞、隔离桩、安全岛等之上，能够很好地起到提醒驾驶员注意构造物的作用（图5-71）。

图5-71 立面标记

（3）光伏服务区

提倡服务区房屋屋顶安装太阳能光伏发电系统，服务区小车停车位鼓励采用太阳能光伏发电遮阳棚设施（图5-72）。

图5-72 太阳能遮阳棚停车场

（4）光伏边坡

高速公路由于地形条件限制，路段两侧有大量高填和下挖边坡，当坡面无光线遮挡物时，可充分利用其空间资源进行分布式太阳能光伏发电。公路下边坡光伏资源开发，有利用降低雨水对边坡直接冲刷力度，提高边坡稳定性，降低滑坡风险。从交通行车视认性安全方面考虑，不建议选择上边坡空间资源进行开发，主要避免上边坡太阳能光伏板易对驾驶员视线造成光污染和眩光刺激。

（5）隧道进出口光伏廊道建设技术

在隧道进口逐级采用40%~10%的透光式渐变光伏薄膜组件建设光伏廊道，顶部透光率由大变小，可有效降低进口的"黑洞效应"；隧道出口，逐级采用10%~40%的透光式光伏薄膜组件建设光伏廊道，顶部透光率由小变大，可降低隧道出口的"白洞效应"（图5-73）。

图5-73 隧道进出口光伏廊道

2. 天然气拌和站

沥青混合料采用间歇式拌和机拌和,沥青搅拌站大部分以重油作为加热能源。重油黏度过大时雾化很差,燃烧不充分并出现浑浊黑烟,燃烧后残炭较多,使用重油作为燃料的沥青混凝土站一直面临着严重的空气污染问题。随着天然气的普及,特别是压缩天然气(CNG)、液化天然气(LNG)的推广和应用,天然气已经成为最清洁并且价格合适的燃料,选用天然气供应沥青混合料搅拌站不仅效果好、安全性高、管理方便,而且成本较燃油低(图5-74)。

图5-74 沥青拌和站采用天然气加热

五、服务提升

(一)绿色服务设施

1. 增设加气站、充电桩

鼓励服务区增设加气站、充电桩等新能源车辆服务设施,保障公众个性化交通出行(图5-75、图5-76)。

图5-75 服务区充电桩

图5-76 服务区LNG加气站

2. 全面推广实施ETC不停车收费

收费系统设计坚持全面推进撤销主线收费站，全面推广实施ETC不停车收费设计，减少停车收费环节。拓展ETC技术应用业务，逐步实现ETC在通行、停车、加油、维修、检测等环节的深度应用。

3. 信息服务系统

结合公众出行需求和高速公路信息平台数据，在服务区内人流量较大的区域选择合适位置，利用信息技术和触摸屏交互方式，向公众提供详尽完整的服务查询系统，包括实时路况、周边旅游信息、出行指南、服务区简介模块等（图5-77）。

图5-77 自助式（触摸屏）出行交通信息服务系统

（二）景观绿化

1. 无痕化景观融合设计

高速公路交通价值突出，路域生态环境敏感，沿线景观资源丰富，周边地域特色鲜明，其性质应从交通、生态、风景旅游多维度综合定位：是一条集交通动脉、生态绿脉、旅游景脉三项特色于一身的区域综合效益轴线。

高速全线景观营造将引入无痕化环境融合理念，在道路工程设施与生态环境的交融界线，集中运用生态修复技术，在景观的设计上进行无痕化处理，以化伤为景、修复成景、造景遮瑕，达到全面的环境融入无痕化目标（图5-78）。

图5-78 无痕化景观融合

高速景观设计时将充分借景，减少人工造景，依据道路沿途空间感受合理划分景观主题段落，并在隧道洞口、互通区、服务区等重要道路重要节点上适当点缀景观小品，突显地方人文特色。

2. 景观微地形营造

项目在施工过程中，低矮边坡保持原貌，高陡边坡采用弧面设计，对坡脚和坡顶进行缓和设计；挖方边坡采用流线型开挖法和修整，减少施工创面；同时开挖与防护绿化并行，最大限度恢复自然景观，充分顺应周边环境。路域景观微地形结合路侧、主线中分带、互通立交区、隧道、房建工程、服务区及停车区、管理中心等建设要求和功能特点进行差异化营造（图5-79、图5-80）。

图5-79 边坡微地形弧化处理

图5-80 近自然生态边坡

3. 路侧景观

路侧景观自身一体化、与沿线周边景观一体化设计。在响应景观规划策略及设计要求的基础上，尽量选择乡土植物种类；植物配置方式与各路段自然植被群落变化保持一致；边坡地形整理采取圆弧型等模拟自然式边坡的形式；设计手法可选择漏景、透景、诱景等景观手法，营造安全、舒美、自然协调的道路景观（图5-81）。

图5-81 边坡与植被自然过渡

4. 互通景观

互通区景观绿化是高速公路景观绿化设计的重点,也是整个项目景观绿化设计的点睛之笔。互通区景观绿化根据各互通区所在区域的自然环境、地形地貌、风土人情的特点,通过"地形塑造+植被栽植"等设计手法加以展现,从而使互通立交景观与周围的自然环境、人文环境融为一体。

为营造与周边环境高度融合的互通景象,并有效提高行车的安全系数,将有条件的匝道边坡放缓,并与环内地形地势顺畅衔接,再通过微地形的塑造营造路景相融的景观效果,并确保排水顺畅(图5-82)。

图5-82 互通绿化鸟瞰效果图

5. 服务区景观

服务区、停车区、服务站、停车点、观景台等进行景观设计时应充分利用场地周边自然景观,展现公路文化特色,并统筹考虑场地功能需求,景观布置、风格、色彩应与建筑物及周围环境相协调。在传统绿化景观设计的基础上,以植物碳汇能力为基础,采用绿化植物碳汇能力与生态景观相结合的优化设计技术,根据服务区不同区域功能要求,提出植物组配优化模式,提升服务区植物固碳能力,美化服务区的形象、改善服务区的环境。通过主题化建设,服务区建筑风格更加体现文化风情,庭院景观更加温馨,场地布局更加合理,提高了使用者的舒适度,对服务公路交通出行、带动区域旅游资源开发、促进旅游区经济发展等方面具有重要作用(图5-83、图5-84)。

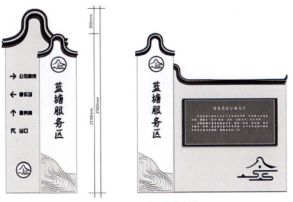

图5-83 标志标牌　　　　　　　图5-84 植物组团意向图

6. 隧道口景观

隧道洞口景观设计需要丰富的创造性和审美特性。人文与自然景观的有机结合可以使景观设计既富有观赏性，又具有文化特色。在高速公路隧道洞口有效融入当地的人文景观，使其与自然景观相融合，有利于建设高品质的公路环境（图5-85）。隧道洞口景观设计主要原则：

①自然性原则：洞门造型及装饰以简洁、自然为主，减少人工痕迹。

②安全性原则：充分考虑驾乘者视觉、心理需求，通过对隧道洞门的减光处理，形成暗色调的洞口环境，使驾驶员在行车中降低进洞时视觉的"黑洞效应"，提高驾驶安全性。

③环境协调性原则：注重隧道景观与自然环境协调，让隧道自然嵌入整条公路环境中。

④尊重当地历史文化原则：挖掘和提炼该地区的文化与自然景观并点缀展现，起到地域性、标志性作用。

图5-85 隧道口洞门景观图

7. 桥梁景观

桥梁方案拟定注重桥梁美学,特别是跨线桥注重美观,与自然景观协调。通过桥梁造型、细部装饰等手法,打造人、桥、环境和谐统一的"桥梁景点"(图5-86)。

合理优化设计,上跨道路上部构造采用较为美观的斜腹板现浇箱梁,下部构造采用花瓶墩,预制箱梁外侧模板采用不锈钢提高平整度、光洁度;整体式路基桥梁错孔布置时将桥后路肩墙顶SA级防撞墙式护统一变更调整为与桥梁内侧SAM级护栏一致,提高了路桥衔接路段护栏线形统一、平顺和整体美观;加强桥梁墩柱、盖梁、预制梁、护栏等结构物的外观质量管理,确保结构物内实外美。

图5-86 桥梁景观

(三)交旅融合

1. 交旅融合设计理念

在符合路网规划功能的前提下,新建公路走廊带选择重点要考虑促进项目区域经济社会协同发展,兼顾经济效益和社会效益。走廊选择应辐射带动相关城镇节点,便捷相对多数群众出行,更好吸引交通流,最大限度发挥区域路网效益,同时还要兼顾经济欠发达地区扶贫开发需求,体现社会效益。

旅游资源丰富地区,走廊带选择应在不影响生态环境的前提下,尽量靠近特色旅游与特色产业发展区,促进交通与旅游、交通与产业的共同发展(图5-87)。

图 5-87 公路与旅游的融合

具有旅游功能的公路应做好景观选线。路线走廊应注重串联区域内水库、湿地、冰川、峡谷、森林、孤山等景点,使公路和路侧自然景观融为一道靓丽的风景线,达到"路侧有景、景中有路"的效果(图5-88)。

图 5-88 路侧有景,景中有路

2. 主题旅游型服务区

对于旅游资源丰富、沿线自然风光秀美的公路,服务设施的位置和数量应与司乘人员的旅游观光需求相匹配。为更好与地方经济社会发展相融合,服务区可采用开放式(图5-89)。

图5-89 主题旅游型服务区

3. 观景平台

观景区的铺装形式要求与公路所在的自然环境相统一，材料的选择都应与周围地形与环境相结合；另外也可通过运用不同的铺装形式来划分观景台各区域的不同功能，或采用与公路路面相同的铺装来突出观景台与公路的一体性（图5-90）。

图5-90 观景平台

观景区上景观小品的设计，在满足交通功能的同时注重细节景观的设计。如栏杆、景桥等分隔性小品，可根据周围环境条件灵活处理，就地取材，融于自然。再如桌凳椅、垃圾箱等功能性小品，用材与颜色处理应考虑周围景观特征，如通过与铺装相协调来达到整个观景氛围的和谐与统一；雕塑、叠石等装饰性小品，宜结合路段的功能定位与文化取向来设计，以体现精神内涵和艺术追求。

观景区的设置也还要充分考虑观景环境的安全性和可行性，如观景点地理位置良好、有足够的回旋空间、不影响行车安全等。

4. 旅游标识系统

公路旅游特色标识系统是在保障公路基本出行的基础上，综合考虑旅游出行需求、旅游者文化感知等新需求，构筑更加人性化、多元化及特色化的标识系统。通过深入挖掘公路沿线各类旅游文化元素及沿途景区、自然景观及地貌特征等，概括提炼出项目独有的元素符号，通过形象、颜色、材质等方式，以标识系统作为展示窗口，成为项目的视觉印记名片（图5-91）。

在通往旅游区各连接道路的交叉口处应设置旅游区方向标志，指引驾驶员向旅游区行驶。

图5-91 旅游区方向标志

系统性考虑一条旅游公路上所有的旅游景点，在视线较好的直线路段设置旅游区距离预告标志。旅游距离预告标志景点信息不应超过3个，以远端最著名的景点信息为固定信息，由近及远原则进行预告。

5. 自驾游服务设施提供

自驾车旅游属于自助旅游的一种类型，是有别于传统的集体参团旅游的一种新的旅游形态。主要是指旅游者自己选择交通工具，自己驾驶或乘坐非营运车辆自主进行旅游活动的行为。具有交通工具的特指性、驾乘人员的同一性与旅游安排的自主性等几个突出特点（图5-92）。包括自驾车观光、休闲、体验、房车度假、探险等，目前在我国是指驾驶小汽车外出旅游。

图5-92 房车营地

结合自然原因和社会原因,进行自驾游营地的选址和合理规模计算,根据服务功能的差异性提出自驾游服务场地的布局形式。

根据服务设施所在位置和服务功能,提出打造个性化旅游服务的配套服务设施空间组成,包括:营位区生活设施、管理设施、附属设施等,如商店、餐厅、儿童游乐场、综合性广场、沙龙会所、简单的住宿设施、人性化设施。

6. 特色民宿

在服务区内提供证照齐全的住宿服务及配套的接待会议空间。为游客提供具有地方特色的体验式住宿环境。或适合临时休息的胶囊旅馆。利用部分服务区地势优势,设置特色体验酒店,涵盖经济快捷酒店及山体酒店、木屋酒店等多种产品搭配适合团体游和家庭游群体,形成产品差异化(图5-93)。

图5-93 特色民宿

7. 慢行系统

为满足旅游者慢行需求,增强旅游者在慢行途中对当地环境的深度体验,需遵循下列原则设置慢行系统(图5-94):

①适宜性。在路段坡度较小,地形条件允许,且路段预测慢行交通量较高的情况下选择性设置。

②安全性。机动车交通量大的路段,重点考虑路侧安全问题,需采用适当措施将慢行系统与机动车道隔离。

③可体验性。满足旅游者慢行体验,避免以最短路径通达的设置方式,尽可能串联有地方特色的优质景观风貌或景点。

④可接驳性。考虑与沿途服务设施、公共交通系统以及景区(景点)之间的接驳、转乘,并对不同交通方式的换乘做出细节设计。

图5-94 慢行系统

第六章　管理创新

绿色公路项目管理主要是指在公路工程的建设和运营过程中对自然环境和生态环境实施的保护，以及按照法律法规、合同和企业的要求，对作业现场环境进行的保护和改善，例如控制和减少现场的各种粉尘、废水、废气、固体废弃物、噪声等对环境的污染和危害。

随着绿色公路近些年的快速发展，绿色公路相关的管理制度、管理体系、管理方式、标准化等方面均有较大提升。下面主要介绍典型绿色公路示范工程管理创新方面的一些做法。

一、精细化管理

（一）建立绿色环保体系管理台账

绿色环保体系内业资料是施工中环保管理的过程体现，清晰、完整、及时的整理、收集环保管理内业资料是保证环保生产的基础。可根据绿色公路建设要求，结合工程实际情况归纳编制了环保体系十类台账并进行命名、编号，即"台账一：环保体系管理系统；台账二：合规性评价总结；台账三：环保交底培训台账；台账四：环保会议台账；台账五：环保方案台账；台账六：环保检查管理台账；台账七：环保设施管理台账；台账八：环保费用管理台账；台账九：应急预案管理台账；台账十：供货商管理台账"。每个台账根据类别细化出子台账，形成"环保体系管理台账目录一览表"，为施工现场环保管理打下坚实的基础（表6-1）。

表6-1 环保体系管理台账目录一览表

台账类别	台账名称	台账编号	表号	名称	包含内容
台账一	环保体系管理系统	1-1		环保管理组织系统	①关于成立项目部环境保护领导小组的通知；②"环保体系"管理目标、指标分解；③各科室环境管理目标及责任分工；④关于任命2018年度项目部环保员的通知；⑤公司三体系认证报告
		1-2	CX25-B01 CK25-B02	环境因素调查评价表	①2018年【10号】关于发布项目部总体环境因素调查评价和重要环境因素清单的通知；②环境因素调查评价表（总）；③重要环境因素清单（总）；④2018年【12号】关于发布项目部2018年度环境因素调查评价和重要环境因素清单的通知；⑤环境因素调查评价表（2018年）；⑥重要环境因素清单（2018年）
		1-3		环境保护管理办法	①环境保护管理办法；②节约能源消耗管理制度
		1-4		环保体系管理文件登记台账	①水土保持方案报告书；②环境影响报告书；③环境管理体系 要求及使用指南（2015年版）；④环保水保监理细则；⑤关于实施溧阳至宁德国家高速公路浙江省淳安段绿色公路建设的通知
		1-5		法律法规汇编（环境）	①关于发布项目部2018年度环境法律法规清单的通知；②2018年度法律法规清单（环境）；③法律法规汇编（电子档）

续表

台账类别	台账名称	台账编号	表号	名称	包含内容
台账一	环保体系管理系统	1-6		环境保护责任书登记台账	①施工环保生产责任书（建管处与项目部）；②施工环保生产责任书（项目部与各科室）；③施工环保生产责任书（项目部与各班组）；④施工环保生产责任书（各科室负责人与科员）
台账二	合规性评价总结	2-1		合规性评价及小结	①2018年第一季度合规性评价；②2018年第一季度环境保护工作完成小结
台账三	环保交底培训台账	3-1		环保技术交底记录	2018年各工序施工环保技术交底记录
		3-2		环保体系培训学习记录	环保体系培训学习记录
台账四	环保会议台账	4-1	存档	环保会议记录	周例会环保部分会议记录
台账五	环保方案台账	5-1		环境保护实施方案汇总	①环境保护体系上报及环境保护方案；②环境保护计划；③环境目标、指标及管理实施方案表；④环保水保方案；⑤绿色公路创建实施方案；⑥环境隐患减少措施
台账六	环保检查管理台账	6-1		环保检查记录	环保检查记录
		6-2		环保整改反馈登记台账（对上）	①监理办环保隐患整改通知单；②建管处环保隐患整改通知单；③其他部门环保隐患整改通知单
台账七	环保设施管理台账	7-1		环保设施使用登记台账	①环保设施使用登记台账；②硒鼓回收单
台账八	环保费用管理台账	8-1		环境保护费用使用登记台账	①2017年环境保护费用小结；②2018年环境保护费用小结
		8-2		环保隐患处罚单汇编	工区班组环保隐患处罚单
台账九	应急预案管理台账	9-1		各项事故应急预案	环保应急预案（已审批）
		9-2		应急预案演练情况记录	①2018年度环保应急预案演练计划安排；②应急预案演练记录；③施工便道粉尘污染应急预案桌面演练
台账十	供货商管理台账	10-1		供应商环境管理登记	①对材料供货方环境管理要求的发放通知；②对设备供货方环境管理要求的发放通知

（二）开展环境因素调查评价

可组织开展总体工程环境因素调查评价并总结出重要环境因素清单，根据重要环境因素清单编制相应的环保方案和突发事件应急措施。可对近些年环境法律法规进行收集整理，供项目部管理人员在日常环保管理方面参考学习（表6-2、图6-1）。

编号：QH03-HBFG-2018-01　　CX27-B01

表6-2　环境因素调查评价表

序号	法律法规名称	颁布文号/标准号	颁布时间	实施时间	颁布部门	适用范围	适用条款	备注
					类别：环境法律			
1	中华人民共和国环境保护法	中华人民共和国主席令第九号	2014/4/24	2015/1/1	全国人民代表大会常务委员会	项目部	第2、3、5、6、12、22、40、41、42、43、46、47、48、53、57、58、59、66、69、70条	
2	中华人民共和国环境影响评价法	主席令第七十七号	2002/10/28	2003/10/1	全国人民代表大会常务委员会	项目部	第2、3、第三章、31、38条	
3	中华人民共和国森林法		1984/9/20	1985/1/1	全国人民代表大会常务委员会	明目部	第3、11、18、23、49条	1998.4.29修改，1998.7.1实施
4	中华人民共和国标准化法	主席令第11号	1988/12/29	1989/4/1	全国人民代表大会常务委员会	项目部	第2（四）、26条	新
5	中华人民共和国突发事件应对法	主席令第69号	2007/8/30	2007/11/1	全国人民代表大会常务委员会	项目部	第5、11、22、23、54、55、56、57、61、64、65、66、67、68、70条	
6	中华人民共和国节约能源法	主席令77	2007/10/28	2008/4/1	全国人民代表大会常务委员会	项目部	第1、2、3、4、9、17、24、25、26、27、35、45、71、85、87条	新
7	中华人民共和国可再生能源法	国主席令第33号	2005/2/28	2006/1/1	全国人民代表大会常务委员会	项目部	第3、16、17、33条	
8	中华人民共和国水法（新）		2002/8/29	2002/10/1	全国人民代表大会常务委员会	项目部	第2、4、6、8、9、19、28、34、35、37、38、41、48、61、66、67、68、70、72、73、74、76、79、81、82条	新
9	中华人民共和国水土保持法	第39号主席令	2010/12/25	2011/3/1	中华人民共和国第十一届全国人民代表大会常务委员会第十八次会议	项目额	第2、3、8、19、32、50、55、58、60条	
10	中华人民共和国土地管理法（修正）	主席令第72号	2004/8/28	2004/4/28	全国人民代表大会常务委员会	项目部	第2、6、36、43、57、74条	
11	中华人民共和国清洁生产促进法	主席令第72号	2002/6/29	2003/1/1	全国人民代表大会常务委员会	项目部	第1、2、3、19、23、28、40、42条	
12	中华人民共和国清洁生产促进法	主席令第54号	2012/2/19	2012/7/1	中华人民共和国第十一届全国人民代表大会常务委员会第二十五次会议	项目部	第3、19、24条	
13	中华人民共和国消防法	主席令第6号	2008/10/28	2009/5/1	全国人民代表大会常务委员会	项目部	第2、5、6、16、18、21、23、24、28、41、44、45、48、51、57、60、62、63、68、74条	新
14	中华人民共和国水污染防治法		2017/6/27	2018/1/1	全国人民代表大会常务委员会	明目部	第2、3、10、11、19、21、22、33、35、37、38、42、50、59、61、62、85（一、三、四）、90（一、三）、94、95、102（一、二、三）条	第二次修正
15	中华人民共和国环境噪声污染防治法	主席令第七十七号	1996/10/29	1997/3/1	全国人民代表大会常务委员会	项目部	第2、3、7、15、16、18、27、31、33、34、45、46、50、51、56、57、64条	该法发布，条例作废
16	中华人民共和国大气污染防治法	主席令第一十二号	2015/8/29	2016/1/1	全国人民代表大会常务委员会	项目部	第51、52、53、54、57、59、60、69、70、72条	

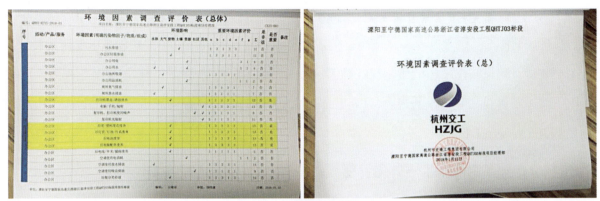

图6-1 环境因素调查评价

(三) 实施施工环保生产责任

各建设单位建立、健全项目部各科室、各工区环保生产责任制，逐级签订"施工环保生产责任书"，落实环保生产责任，使与生产有关的任何人、任何部门都负有保证环保生产的责任，增强各级管理、施工人员的环保生产责任心（图6-2）。

图6-2 施工环保生产责任书汇总表和责任书

(四) 实行环境管理登记

对材料、设备供应商或出租方实行环境管理登记，并向其负责人下发环境管理要求的通知，保证其了解项目环保体系并配合执行。

(五) 组织现场环境检查

积极组织现场环境检查，环保巡查中发现的隐患及时整改闭合并形成资料，以便规范现场作业和后续资料查询（图6-3）。

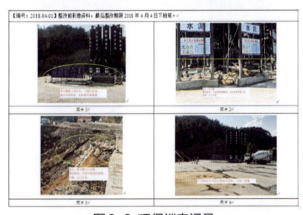

图6-3 环保巡查记录

(六) 任命各工区专职环保员

可成立项目环保微信群，群成员包括：项目部环保科负责人、洒水车司机、各工区专职环保员，方便项目部环保科与各工区环保员工作交流。

任命各工区专职环保员，由其负责工区日常环保工作的具体实施，并制作专属"环保员袖章"，方便工种识别（图6-4）。

图6-4 专职环保员

（七）建立健全质量保证体系和管理机构

根据施工特点，建立以项目经理为工程质量第一责任人，以项目总工程师负责的工程技术、质检、试验、测量四位一体的质量保证体系，通过提高全员业务素质，使全体员工树立"工程在我心中，质量在我手中"的观念，增强质量意识，调动职工积极性，人人各司其职，用全员的工作质量来确保工程质量。

（八）土建与路面施工一体化管理

项目在设计、施工建设阶段采用土建和路面施工一体化管理，将路面工程捆绑于隧道土建标段进行捆绑招标，可达到隧道洞渣直接用于路面施工的目的。

捆绑招标法是规模经济理论和物资采购相结合的产物，是规模经济理论在物资采购领域的具体应用。科学合理地划分标段是捆绑招标法成功实施的关键环节。项目建设期可选择在施工图设计阶段开展捆绑招标法，依据规模经济理论，在施工建设各成本环节上形成规模经济，科学合理的划分土建和路面施工的标段，并采取综合捆包招标模式，降低综合成本。

二、智慧化管理

（一）拌和站及试验室信息双控系统

随着当下大数据、云智能的不断成熟与渗透，智慧工地信息化管理系统技术的应用对提高施工管理效率起着明显的作用，而拌和站管理就是工程管理工作不可忽视的一部分。

拌和站及试验室双控系统的使用可实现施工信息共享，加强拌和站及试验室对混凝土配合比等生产信息的审核，以保证混凝土生产准备的准确性。采用拌和站及试验室双控系统，试验室可以及时反馈原材料检测情况，指导混凝土生产。拌和站可以根据出料情况掌握原材料库存量，提前做好原材料供应计划（图6-5）。

图6-5 双控系统操作界面

通过拌和站及试验室信息双控系统，可合理安排拌和任务，达到资源的合理配置和充分利用，实现生产效率的最大化；双控系统除了能有效降低人为管理决策的失误之外，在混凝土的生产方面，通过对拌和站的动态管理、配方管理、数据报表管理等建立相关数据库，再将之反馈给信息化管理平台，可不断提高混凝土企业的预防与决策水平，提高混凝土拌和站的生产质量。

（二）"互联网+"信息化监管

可在路面标段安装路面施工质量实时监控系统，可实现基质沥青运输、改性沥青加工和运输、混合料实拌配合比、混合料运输和摊铺、现场碾压时间及遍数等实时监控（图6-6）。

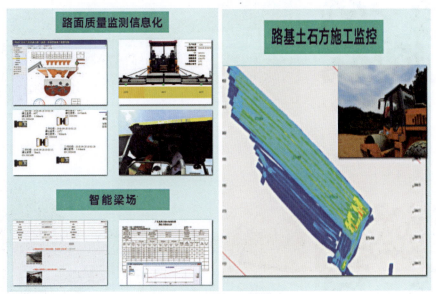

图6-6 智能化质量控制

（三）建养管理信息一体化数据系统

该系统采用质量监测与控制方面的数据存储与传输技术：应用视频监控、PDA技术对桥涵进行施工质量检测数据的快捷采集，通过分布式海量存储技术实现建设过程中海量信息的快速读取，通过互联网通信、5G等技术实现施工现场数据的快速实时传输；运用GIS电子地图、三维仿真、GPS定位、二维码、数据加密、指纹及脸谱识别等技术进行管理或施工人员身份识别和定位，对检测构件进行唯一性标识。

在混凝土生产塔楼安装"黑匣子"，利用"黑匣子"和无线传输技术实现预拌混凝土配合比的实时上传，利用该系统直接采集投料数据，对于实际投料数据偏离设计配合比尤其是水泥用量低于各等级混凝土最低水泥用量极限值时自动预警，实现桥涵工程的混凝土质量控制；通过桩基检测技术、智能张拉与压浆技术、混凝土无损检测等技术进行质量检验与评定。在工程建设与运营的全寿命周期实现节约资源与能耗并提高工作效率。建立建养管理信息一体化数据系统使信息数据化、管理程序化、施工系统化、监控自动化，可便于建设和管理资源的整合，管理结构优化。

（四）可视化施工管理

可视化效果能够更好地了解施工的过程和结果，并能较大程度降低工程的返工成本和管理成本，降低风险，增强管理者对施工过程的控制能力使项目沟通更为便捷、成本更为低廉、协作更为紧密、管理更为有效、工程进度得以提高（图6-7、图6-8）。

图6-7 钢筋加工厂及拌和站VR体验

图6-8 预制梁场VR体验

三、标准化管理

（一）"双标"管理体系

"双标"管理即标准化管理和标杆管理，标准化管理主要包括设计标准化、管理标准化、施工标准化。其中设计标准化是施工标准化的基础和前提，管理标准化是落实施工标准化的重要保障，而施工标准化又是落实设计标准化和管理标准化的主要体现。

前期筹建阶段，可编制项目系统化的安全管理策划，推行全面安全管理体系，打造项目的本质安全。

设计阶段，项目可编制设计图纸《安全设计专章》，在招标阶段编制《安全管理强制性标准》

《安全生产标准化管理手册》作为合同附件,约束各方的安全生产管理行为,明确施工现场的安全技术标准。同步出台《安全生产管理规定汇编》《业主代表安全生产责任制考核管理规定》和《安全生产约谈机制》,明确各方安全生产岗位职责,有效监督各方责任落实,夯实全面安全管理体系,有效提高了项目安全生产管理的能力和水平。

(二)桥梁隧道施工标准化

桥梁方案设计应注重结构设计体系化、结构构件标准化、加工制作自动化、现场安装装配化等方面(表6-3)。

表6-3 标准化设计技术要点

技术要点	说明
减少设计差异性	同类桥梁统一设计风格,采用相似的设计思路和方法,减少差异性
结构构件标准化	①构件标准化:形成标准化、系列化的结构构件体系,包括截面形式、用钢,实现用最少种类的标准"积木"搭建尽可能形式多样的桥梁; ②标准化主梁:主要采用混凝土节段梁和钢结构主梁; ③下部结构标准化:主要包括对盖梁、桥墩、桩基等的标准化设计; ④小型构件标准化:可采用装配式混凝土通道、涵洞等
构件工厂化生产	小型构件,如锥坡实心六棱块、六棱空心植草砖等可进行工厂化生产
减少钢结构现场装配焊接	鼓励现场采用螺栓连接,优化钢结构分解方式,减少现场接头数量

1. 减少设计差异性,结构构件标准化

可采用"多预制少现浇,预制布跨少变化"的设计原则;桥梁下部结构通过尺寸归并,减少下部结构的种类。桥墩结构尺寸根据不同的墩高区间范围予以统一,同时同一座桥梁桥墩类型控制在2~3种以内。上下部结构钢筋模块化,后场制作,以提高钢筋制作精度和施工质量(表6-4)。

表6-4 双柱式桥墩尺寸统一要求

跨径	参数	两柱(≤30°)			
25(m)	高度(m)	H≤10	10<H≤16	16<H≤24	24<H≤30
	柱直径D1(cm)	130	140	150	160
	桩直径D2(cm)	150	150	160	180
30(m)	高度(m)	H≤10	10<H≤16	16<H≤25	25<H≤30
	柱直径D1(cm)	140	150	160	180
	桩直径D2(cm)	150	160	180	200
40(m)	高度(m)	H≤9	9<H≤15	15<H≤25	
	柱直径D1(cm)	160	180	200	
	桩直径D2(cm)	180	200	220	

2. 构件工厂化生产

桥台锥坡采用预制混凝土六角空心砖+植草防护，确保坡面平顺、生态、美观。

桥梁电缆桥架平台预制隔板小型构件要求集中统一预制，要求预制构件施工模板采用整体式模板，并在专用振动台上进行砼预制和振捣（图6-9、图6-10）。

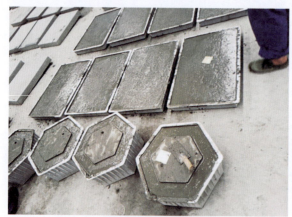
图6-9 预制场集中预制情况

图6-10 隧道内水沟和电缆槽一体化

（三）质量控制和检测标准化

项目应对每一道施工工序严格按照审批通过的施工方案进行组织和实施，每完成一道工序，均实行"三检制度"，即作业人员自检、现场技术人员自检、项目质检人员自检，自检合格之后，再上报现场监理工程师检验，保质保量地完成每一道工序（图6-11）。实行质量检验否决办法，各道工序的施工工艺和操作方法必须符合设计及技术规范的要求，对不合格的坚决"推倒重来"。

（a）路基压实度检测

（b）钢筋笼验收

图6-11 三检制度

（四）路基填筑施工标准化

路基填筑含水量、压实度、填筑厚度、填料粒径符合规范要求，无翻浆、"弹簧"、起皮、塌陷、开裂等现象；路基纵横坡、平整度、宽度、临时排水符合规范要求，无路基表面积水、排水不畅等现象。

台背回填标准化施工。严格按照规范进行台背施工，在施工前先对基底进行彻底清理，使基础承载力达到要求；在施工过程中选择合适的碾压机具，同时对台背回填的厚度、填筑范围、填筑材料的质量、压实质量等进行严格控制，确保各项指标符合施工设计要求，避免桥头"跳车"、路基失稳沉陷、路面破坏等现象。

（五）原材料试验标准化

施工材料是质量控制的源头，为确保工程质量，应对工程所使用的原材料实施有效的质量控制措施，确定投入使用的均为合格原材料，不合格的严禁使用；原材料产品必须有生产厂家提供的质量保证书，且其内容必须如实证明实物产品。原材料入库前，按要求加强取样及检验验收工作，杜绝不合格的产品进场（图6-12）。

（a）钢筋原材料检测

（b）集料筛分检测

（c）集料压碎检测

（d）水泥试验检测

图6-12 原材料试验标准化

四、制度创新

（一）业主代表管理制度

高速公路可采用主动创新管理模式，将以往归属于工程部的业主代表纳入安质管理部统一管理，以现场安质管理为核心职责，加强管理要求执行和现场反馈的力度。同时，编制了《业主代表管理手册》《业主代表考核办法》；每个总监办成立1个业主现场管理小组，以老带新，根据专业特点进行分工组合，做到师徒帮带，人尽其才。让业主代表自己，其理念是业主代表对外要代表业主单位行使管理职能，代表业主的态度；对业主内部，代表施工单位，对现场的熟悉程度要达到项目经理的水平。

（二）设计代表驻场与考评制度

设计质量直接决定是工程项目的建设水平，高速公路建设过程中可建立勘察设计人员驻场设计制度和优质设计奖励办法，制定设计变更工作评比与奖惩办法、四方会签表和服务函、任务单制度，充分调动设计人员积极性，提高设计变更服务质量和工作效率。

（三）优质优价与平安工地考核制度

高速公路建设过程中可建立内部优监优酬管理制度，对总监办、驻地监理组、监理人员实行年度和项目考核，重点考核工程质量管理行为、管理效果，结合招标文件规定的优监优酬奖励对相关人员进行奖优罚劣，提高全员质量监理积极性，从而保证监理工程质量。同时大力促进、推动和贯彻执行项目施工"优质优价"制度，提高全员质量意识和能动性，通过参建各方齐抓共管，保证项目工程质量。

考核采用积分方法，主要针对以下2个方面的内容进行：

①管理制度方面是否落实执行，分工是否明确，内部团结情况；监理人员实际操作中是否能够胜任所担任的岗位的正常工作；是否按业主、总监的要求完成监理工作；有无违反纪律对工作造成影响及玩忽职守的情况；有无对上级规定、通知、指令不执行的情况；有无相互推诿、拖延或应办事不办的情况。

②监理业务方面包括：质量、进度、投资、合同、管理。对于考核不合格的监理人员，总监办将视情况内部进行警告、通报、降职、扣罚奖金工资以及劝退处理。

（四）绿色公路建设绩效评价制度

可建立重点公路工程建设项目初步设计绿色公路落实情况技术审查及交工验收绿色公路建设绩效评价制度。要求拟建重点公路建设项目在设计文件中以专章节的形式详细说明绿色公路设计情况，工程可行性研究与设计阶段针对项目落实绿色公路建设要求的情况开展专项评估或审查工作；各级交通运输主管部门在审批初步设计、施工图设计时将绿色公路落实情况作为审查的重点之一，将绿色公路实施情况作为交工验收的考核内容之一。

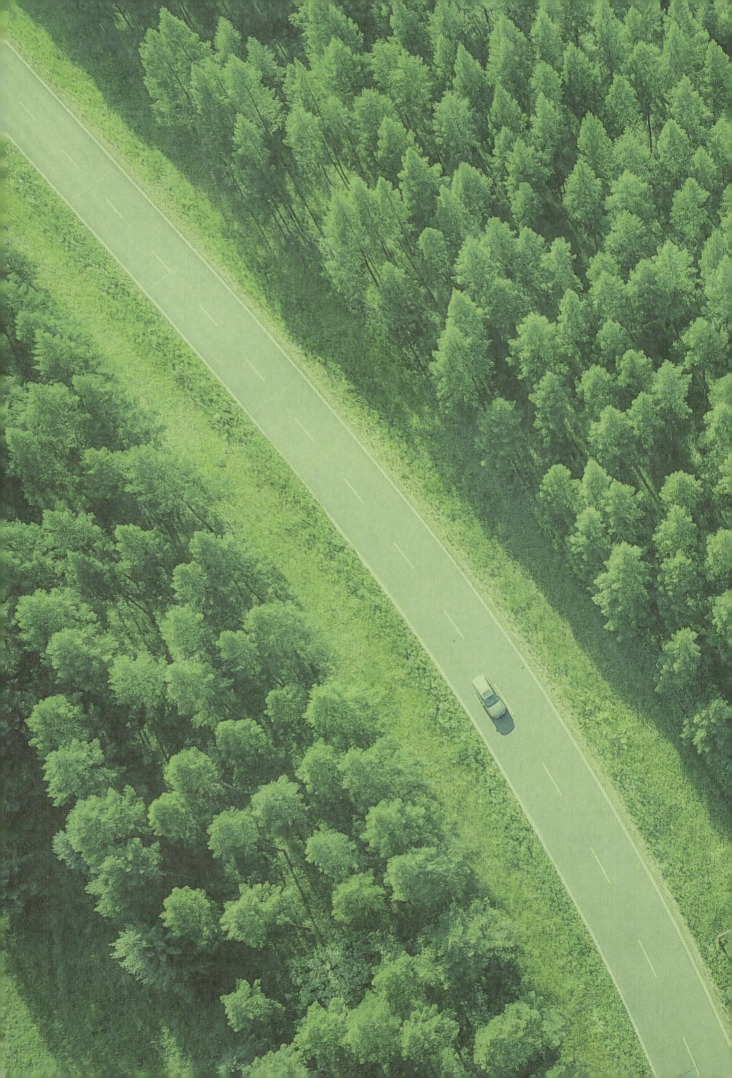

第七章　典型示范

一、广东省绿色公路建设

广东省交通运输厅围绕落实交通运输部《关于实施绿色公路建设的指导意见》要求，立足广东省自然气候与生态环境条件、公路建设特点及技术需求，建设以资源节约、生态环保、节能高效、服务提升为主要特征的绿色公路。

1. 做好绿色公路建设顶层设计

从制度建设、实施专项行动、典型示范引领、完善技术咨询机制等方面对绿色公路建设的重点工作进行了统筹规划，提出了"力争到2020年建成一批部、省绿色公路建设示范项目，基本实现绿色公路建设新理念、新技术及新制度全省重点公路工程建设项目全覆盖，形成独具特色的广东绿色公路技术体系、标准体系和品牌"的绿色公路建设目标，为推进绿色公路建设各项工作的开展奠定了基础。2017年，印发的《广东省推进绿色公路建设实施方案》，对广东省推进绿色公路建设工作进行顶层设计，在全国率先制定并发布了《广东省绿色公路建设技术指南（试行）》，从技术层面规范和指导重点公路工程建设项目开展绿色公路建设。

2. 强化绿色公路建设制度建设

实施绿色公路建设绩效评价制度，建立了重点公路工程建设项目初步设计、绿色公路落实情况技术审查及交工验收等绿色公路建设绩效评价制度。要求拟建重点公路建设项目在设计文件中以专章节的形式详细说明绿色公路设计情况，工程可行性研究与设计阶段针对项目落实绿色公路建设要求的情况开展专项评估或审查工作；各级交通运输主管部门在审批初步设计、施工图设计时将绿色公路落实情况作为审查的重点之一，将绿色公路实施情况作为交工验收的考核内容之一。

3. 开展四个绿色公路提升专项行动

①实施了在建项目绿色公路建设提升专项行动，督促在建项目开展绿色公路建设要求落实情况自查、自纠工作，逐个项目编制绿色公路建设要求落实情况自查报告；在自查工作的基础上，制定绿色公路建设专项提升实施方案，由项目建设单位负责落实推进。

②拟建项目绿色公路设计建设提升专项行动，要求尚未取得初步设计或施工图设计批复的重点公路建设项目设计应落实好《广东省绿色公路建设技术指南（试行）》的有关要求，在设计文件中以专章节的形式详细说明绿色公路设计情况，充分发挥设计的龙头和核心作用，强化设计阶段的管理，实施绿色公路设计专项评估机制，确保绿色公路的理念在工程设计中贯彻落实，为绿色公路建设奠定基础。

③高速公路服务区绿色提升改造专项行动，推进高速公路服务区"垃圾分类"及"厕所革命"升级改造工作。葵洞服务区、韶关东服务区、珠玑巷服务区、雅瑶服务区、顺德服务区、珠

玑巷服务区6个服务区被评为全国百佳示范服务区；建设了全省乃至国内首个将停车服务区、车辆维修美容店、加油站、酒店餐饮、购物广场、休闲娱乐、博物馆、侨乡小镇旅游区等于一体的"高标杆式"商业综合体大槐服务区；充分应用信息化技术，利用"互联网+""云计算""大数据""5G"等技术，利用太阳能、风能等可再生能源及节能电器等设施设备，推进服务区智能化及绿色生态环保建设；加大特色服务区建设力度，探索"服务区+旅游文化""服务区+客运接驳""服务区+物流集散""服务区+会展"等模式，打造特色服务区；编制了《广东省普通国省干线公路服务设施布局规划》，指导广东省普通国省干线公路服务设施建设和发展，计划到2030年全省共布设普通国省干线公路服务设施634个，建成布局合理、功能适当、服务优质、环境协调的普通国省干线公路服务设施系统，实现车辆行驶一小时能到达至少一处服务设施，提升广东省普通国省干线公路服务水平，满足公众出行服务需求。

④国省干线公路旅游服务功能提升专项行动，编制了《广东南岭生态旅游公路规划》，立足"交通+旅游"融合发展，串联韶关、清远2市，辐射沿线11个县区（含3个少数民族自治县、19个特色小镇和6个产业园区），连通南岭地区独具特色的89个旅游景点，总里程约626km，其中新建12km，改造利用既有公路614km，建设慢行系统193km，布设49处公路服务驿站，构建顺畅、舒适、安全的生态旅游公路；实现南岭地区公路的交通、景观和游憩功能有机结合，有效提高公路的通达性、舒适性和安全性，满足广大人民群众对高品质、多元化、个性化的出行需求；切实提升粤北生态发展区交通运输服务水平，推动粤北生态发展区绿色发展，加快构建广东省"一核一带一区"区域发展新格局。

4. 协同推进部省绿色公路建设示范工程创建活动

厅高度重视绿色公路示范项目创建工作。一是在惠清高速公路部绿色公路示范项目的基础上，结合各建设项目实际，按照因地制宜、分门别类的原则，开展了广东省绿色公路建设试点示范工作，并于2018年选定并公布了第一批7项省级绿色公路试点示范创建工程，部省绿色公路示范创建项目共8项/865km。二是对于部、省示范项目，厅积极指导督促，各项目建设单位按照部、省的要求全面深入开展绿色公路建设，结合项目自身特点，有针对性地开展重点示范，并完善绿色公路实施方案编制。通过示范项目的标杆效应，辐射和带动全省公路建设全面实现绿色建造。

5. 强化全过程技术咨询

鼓励建设单位按规定选择行业内外绿色公路建设专业技术咨询单位开展绿色公路专项调查、提升实施方案编制、过程咨询、科技攻关与成果推广应用等绿色公路建设专项技术咨询活动。为确保广东省推进绿色公路建设工作的顺利实施，省厅专门委托专业技术咨询单位提供全方位、全过程的技术支持，为全省绿色公路建设顶层设计及管理奠定科学基础。

6. 加强宣贯、培训

以宣传、经验交流、专项培训、现场会等形式为手段，及时推广示范项目的建设经验，对有关成熟的技术措施和经验做法，实行全行业推荐或强制实施，达到绿色技术的普及实施效应，全面提升广东省公路建设绿色建造水平。组织开展了广东省绿色公路建设技术培训会、全省高速公路建设现场会、第三届全国绿色公路技术交流会暨广佛肇高速公路绿色低碳工程现场观摩会，共有900余人次参会；组织了第八届公路建设与养护新材料新技术研讨会、惠清高速公路绿色科技示范工程全国性的现场观摩会、第二届中国交通绿色发展论坛暨交通生态修复与污染治理技术研讨会，共有600余人次参会。

（一）惠清高速绿色公路建设实践

1. 项目概况

项目路线起于惠州市龙门县龙华镇，接广河高速公路，分别与大广、京珠、广乐、清连等高速公路交叉，终于清远市清新区太和镇，顺接汕湛高速公路清远至云浮段，是连接广东省东西两翼和珠三角北部的横向快速通道，也是珠三角地区与粤北山区之间过渡地带的东西向重要通道，便捷连通了广东省中部地区各城市，并有效提高区域内高速公路网络化水平。它的建设对完善广东省高速公路网布局，促进广东省东部、西部区域经济社会协调发展，增强惠州、广州、清远3市之间的经济辐射力，加快区域对外开放具有重要的政治及经济意义。

惠清高速公路主线采用双向六车道设计标准，整体式路基宽度33.5m，设计时速100km，全线桥隧比为48.8%，折合桥梁长度43.218km，共设主线桥104座（其中特大桥11座），折合隧道长度21.352km，共设隧道16座（其中特长隧道2座），互通式立交16处（含1处预留），管理中心1处，服务区2处，停车区2处，集中住宿区3处，养护工区1处。

2. 项目特点

（1）地形地貌复杂——沟谷交错，河网密布，工程技术含量高

惠清高速位于南岭山系东端，区域地形地貌复杂，沿线地貌主要为剥蚀残邱地貌，丘陵、低山、中山和盆地冲积平原相互交织。东部以中低山和盆地相间为主，中部以中低山和丘陵为主，西部低山丘陵和冲积平原，地势总体中高两端低。区域水系发达，河网密布，主要有珠江流域的东江水系和北江水系，河流总体由北向南流，工程跨越河流近百次。

由于特殊的地形地貌特点，惠清高速涉及工程类型多样，桥梁隧道数量众多，桥隧比达51.5%，高陡边坡随处可见，取土弃渣场地分散，部分路段天然砂匮乏，均需要采取有效的应对措施。

(2）极端气候频发——雨雾雷电，山洪滑坡，安全保障难度大

惠清高速所在区域属亚热带季风气候，具有季风明显、光照充足、雨量充沛等特点。区内春季温暖潮湿、夏季炎热雨丰时间长，秋季凉爽干燥，冬季较短。常年雨量充沛，多年平均降水量2104.5~2284.8mm，年最大降水量2779.7~3139.0mm，常出现大面积暴雨和特大暴雨，暴雨经常以高强度、来势猛、范围大、持续时间长为显著特点，并且经常诱发山洪、山体滑坡等重大地质灾害。

与气候特点相关，惠清高速公路建设面临边坡失稳、水土流失、路面水损害、极端气候条件下交通运营安全等问题。

（3）生态环境脆弱——物种丰富，水体敏感，环保水保使命强

一方面，惠清高速沿线穿越多个自然保护区、森林公园、生态严控区，环境极其脆弱，建设、运营过程中的水土流失以及噪声、烟尘、废水及垃圾等势必对环境造成较大的破坏和污染，因此要充分重视生态敏感山区建设的工程影响和公路建设中的节能减排问题。另一方面，项目沿线跨越多个水敏感区，桥面径流收集处理和运输风险防控也是项目建设面临的主要问题。

（4）交通组成多样——路线交叉，工业密布，运营组织任务重

惠清高速是广东省高速公路网规划主骨架"五横"中二横的重要路段，项目直接与广河、大广、京珠、广乐、清连等高速公路相连，并连接国道G105、G106等重要道路，建成后将成为珠三角地区与粤北山区之间过渡地带的东西向重要通道，便捷连通广东省中部地区各城市，交通量较大。同时，项目线路途经3市、5县区、10个镇，沿线区域经济发展迅速，工业密布，交通组成复杂多样。因此，对工程耐久性、运营低碳节能、运营组织管理与交通安全保障提出了挑战。

（5）旅游资源丰富——物华天宝，风光旖旎，出行服务发展快

项目区域旅游资源丰富，沿线分布着广东油田省级森林公园、惠州大观园森林公园、流溪河光倒刺鲃国家级水产种质资源保护区、从化新温泉县级森林公园、从化五指山县级森林公园、南昆山国家级森林公园、南昆山省级自然保护区、清远飞来峡省级风景名胜区、清新太和洞县级自然保护区、广东太和洞森林公园等多处自然保护区、森林公园、风景名胜区，是旅游景观的重要通道，应成为自驾体验惠清山水人文的风景线，为区域旅游产业搭建一个新的旅游平台。

因此，一方面，要将自然景观与公路建设相结合，在建设过程中保护景观，并采取适当的工程技术措施，融合景观设计理念，提高公路与优美自然环境的协调性；另一方面，要构建人性化、智能化的出行服务系统，满足人民群众的休闲、出行需求，提升公路运输服务品质。

3. 绿色公路建设理念及总体架构

（1）建设理念

绿色公路建设需要从经济、环境和社会综合系统的尺度出发，是新的历史条件下树立建设标杆的过程，是内在修为和外在表现的完美结合，其中前者主要体现在工程布局符合生态空间等管控要求，工程建设运营最大限度地节约资源能源、降低碳和污染排放、维系生态系统功能；后者则要求做到好路域景观营造和提升，使得公路建设与周边景观相融合，真正体现人与自然的和谐共生，服务地方发展和群众出行。

其中，生态是"绿色"的首要品质，理应引领"绿色公路"的建设运营；资源能源消耗是公路绿色发展面临的重要瓶颈之一，节约低碳则是"绿色公路"建设运营必须坚守的根本原则；景观和谐是"绿色公路"的直观外在体现，而服务共享则是"绿色公路"建设运营的必备功能，当前条件下智慧创新无疑是实现景观和谐、生态优先、低碳集约最重要的手段。由此，惠清高速绿色公路建设将坚持"生态引领""低碳集约""智慧创新""景观和谐""服务共享"的理念。

①生态引领。"生态引领"要求保障生态效益的优先地位，以资源环境承载力为基础来规划工程建设方案；以节约资源、提高能效、控制排放和保护环境为目标，推动工程建设的集约内涵式发展。具体而言，"生态引领"要求坚持"最小的破坏就是最大的保护"原则，即崇尚自然理念，主要体现在公路全寿命周期生态保护方面。在设计过程中，要求充分调查路线沿线各种有价值的自然和人文资源，优化合理布置的线位和辅助工程布局。在施工中，要合理安排计划，使公路与生态敏感区域和资源和谐共处，互为依存；要采用科学施工方法，多运营环保型施工建筑工艺、工法和新材料；运营中要对公路导致的生态破坏区进行针对性的修复。

就惠清高速而言，贯彻"生态优先"理念就是要开展科学生态选线，保护区域必要的生态空间和物种生境；要全面推进"高陡边坡及隧道无痕迹修复技术"相关技术应用，解决边坡和隧道洞口的开挖，对原生生态环境造成一定程度的破坏，给自然界留下永久的伤疤的问题；采用桥面径流收集处置、浅碟式植草边沟、生态边沟等技术，防止石油类、COD等污染物对生态环境的破坏；全线实行表土资源与珍贵树种保护和利用技术，可减少水土流失和避免对沿线土地资源造成破坏，减少绿化费用；在隧道和桥梁施工中采用"绿色"施工技术，例如旋挖钻施工、隧道水幕降尘等技术，排污减尘，提高施工质量。

②低碳集约。理论上讲，低碳交通是一种以"高能效、低能耗、低污染、低排放"为特征的交通运输发展方式，其核心在于提高交通运输能源效率，改善交通运输用能结构，优化交通运输发展方式；其目的在于使交通基础设施和公共运输系统减少以传统化石能源为代表的高碳能源的高强度消耗。集约是相对粗放而言的，是通过经营要素重组实现最小的成本获得最大回报。具体而言，低碳集约要求坚持"循环利用就是最大的节约"原则，以社会经济和资源、环境

可持续发展为最终目标，从资源能源开采、生产和生活消耗出发，提高资源能源利用效率，减少资源能源消耗总量和废物产生量，推进废弃物循环再生利用，构建"资源—产品—再生资源"的循环利用系统，做到"循环利用就是最大的节约"。

针对惠清高速，坚持低碳集约和统筹规划需要重点关注优化选线、高效利用土地资源；合理调配土石方；机制砂和隧道弃渣等资源的循环利用；采用温拌沥青路面，节能环保；应用隧道智能通风和照明技术，节能减排；等等。

③智慧创新。"智慧交通"要求以重大科技突破牵引交通运输的转型升级，提高资产使用效能，提升运输服务品质，主要表现为技术创新、自动化和信息化水平提高等方面。创新是指以现有思维模式提出有别于常规或常人思路的见解，是以新思维、新发明和新描述为特征的一种概化过程。创新是引领发展的动力，智慧则是创新之后的一种高水平的状态，两者存在一定程度的因果关系。显然，"绿色公路"就是一种公路建设理念上的创新，是公路建设的一种新的发展方式和发展状态。而智慧则是绿色公路的一个必备特征，是提升公路建设品质和发展状态的重要手段。

惠清高速推进工程智慧创新，重点针对其建设运营面临的主要环境问题，开展技术攻关与信息化建设。BIM 技术在施工中的应用、施工过程质量及视频监控及治超不停车系统的应用，都需要采用新的理念、新的科学技术，将信息化建设融入智慧创新来解决和突破。

在惠清高速施工建设过程中，还体现出一批技术含量高、耐久性好、施工方便的新工艺的运用，例如：振动拌和水稳碎石抗裂技术、GTM 法设计的沥青混合料技术、钢–UHPC 装配式轻型组合梁桥技术及隧道低碱湿喷混凝土技术，都融合了现代施工工艺的新思路，既提高施工质量，又安全环保，具有较大的推广应用价值。

④景观和谐。公路与沿线的自然环境融为一体是绿色公路建设最直接的外在体现，不仅需要从交通角度思考，还要从交通、生态和风景旅游等多个维度综合定位，统筹考虑集交通动脉、生态绿脉和旅游景脉三项特色于一身，构建区域综合效益轴线。

惠清高速交通价值突出，路域环境敏感，沿线景观资源丰富，周边地域特色鲜明，应在工程设施与生态环境交融界线中集中运用生态修复技术，在景观设计上进行无痕处理。根据沿线空间环境、景观特点划分形成不同区段，根据各段环境和植被规律等选用与环境色彩体系、生态系统相协调的适宜植被物种；开展边坡、互通区、隧道洞口等重点工程景观打造，实现全面融入区域自然景观的目标。

⑤服务共享。高速建设应坚持"以人为本"原则，绿色公路最重要的特点就是提高人的舒适性和安全性，最大限度保障安全舒适驾驶；有科学高效的管理体系，确保各项环保措施及时到位；开发必要监测服务平台，为政府决策和公众出行提供支撑。

惠清高速工程投资规模大、施工难度高、建设周期长、项目参与方众多、管理协调复杂，对工程建设期的职业健康、安全、生态、环保管理要求非常迫切，亟须对工程建设全过程引入完善的管理体系。项目结合工程实际情况，引入"双标"管理理念，进一步细化建设管理要求，以提升整体施工管理水平，更有效的消除工程质量通病，全面提升管理水平。

服务区是展示公路服务功能最重要的平台，需统筹个性化建筑设计、人性化设施配置、智能化系统开发、低碳化能源利用、海绵化场地建设，进行绿色服务区专项打造。此外，"互联网+智慧出行服务"的开发和运用将进一步加强和改善高速公路出行服务，提高服务质量和客户满意度。

（2）建设思路

惠清绿色公路示范项目的实施，以"运营中提需求、建设中加要求、设计中抓细节、规划中把方向"为线，项目策划时倒序思考、实施内容展开时正序优化，分阶段开展工作。

倒序思考，即按"运营期→建设期→准备期"策划低碳建设内容，在绿色运营目标的基础上，增加低碳施工过程控制要求，通过规划设计和全程管理配合建设过程，将目标需求和过程控制具体化，融入准备期的规划设计中，形成"运营中提需求、建设中加要求、设计中抓细节、规划中把方向"的无缝体系，项目策划阶段即融入绿色低碳目标、项目立项之时带有绿色公路印记，绿色低碳贯穿项目全寿命周期。

①运营中提需求。以"生态引领""低碳集约""智慧创新""景观和谐""服务共享"的建设理念构画建成后惠清高速的运营目标，提出惠清高速建成通车后达到"安全通畅多、交通服务多、优美景观多"和"拥堵处治少、运营消耗少、维护修补少"的"安全耐久、简约美观"的运营需求。

②建设中加要求。按照惠清高速"功能为本、环保重要、效益兼顾"的原则和节能运营目标，结合运营需求，提出建设中施工工艺节能、结构体系节能、材料体系节能，在建设中遵循"施工中减少破坏、破坏后加快恢复、恢复中注重低碳"的原则，提出"采用高效施工技术、耐久性材料结构应用、资源循环利用、低能耗低排放施工"的要求。

③设计中抓细节。根据"统筹资源、节约利用"的运营需求，结合"减少破坏、加快恢复、注重环保"的建设具体要求，从生态选线、优化选线和高效利用土地资源、合理调配土石方资源及"无痕化环境融合"设计等方向具体落实。

④规划中把方向。根据设计中落实的绿色环保细节内容，考虑对细节落实的保障，规划中提出设计、施工、运营分阶段支撑惠清高速绿色公路建设。

在绿色公路具体项目安排和实施过程中，惠清项目深刻理解科技是第一生产力的巨大能量，以科技创新为引领并不是一句口号，而是贯穿于项目的全过程，紧扣"一先两同步"：科研策划先于工程图纸设计，科研人员与建设人员同步到岗，绿色科技示范与工程建设同步开展。首次提出"研以致用、用以促研、研用相长"的惠清科技项目建设理念，建立"三层级、三过程、三主体"绿色科技示范工作体系（图7-1）。

图7-1 绿色科技示范工作体系

1）提出"研以致用、用以促研、研用相长"建设思路

惠清项目结合沿线穿越几十个风景名胜区、自然保护区、生态严控区和森林公园与沿线地形地质情况复杂多样这一工程特点，围绕"科技创新源于建设实际需求、服务于工程建设、提升工程质量"的目标导向，研究成果在应用中不断改进提升达到用以促研的反哺效果，实现研用相长的良性循环。积极践行"交通强国"战略，坚持创新要素驱动，贯彻"绿色建设"主线，实现绿色公路目标。

2）建立"三层级、三过程、三主体"绿色科技示范工作体系

一是，构建"三层级"示范工程建设载体。累计开展14项科技攻关项目；引进先进成果23项，消化、吸收、应用、再提升；鼓励大众创新、激发一线工人潜能，广泛组织微创新活动，形成150余项微创新成果，有效改善工程质量的一般通病，带动工程品质全面提升，助力平安百年品质工程建设。

二是，形成"三过程"的示范工程管理方案。将科技创新理念贯穿于惠清高速公路工程勘察设计、建设管理、运营管理等全过程。前期，在全面掌握惠清高速公路工程建设特点及难点的基础上，在初步设计的基础上编制了"惠清项目科研规划大纲"，同时按照路、桥、隧、附属分类完成了20项科研建议书，并第一时间在交通厅完成立项，真正做到了科研立项先于施工图纸。围绕重点解决生态敏感区建设难题，详细了解包括交通运输部交通建设科技项目、广东省交通科技项目及其他相关科技项目等在内的生态敏感区高速公路绿色建设先进科技成果，积极选

取符合于惠清高速公路建设需要的先进科技成果形成"惠清项目绿色建造技术拟采用技术目录"进行引进、消化、吸收、推广示范及二次创新。施工期间，解决工程质量通病与提升施工效率，编制了"汕湛高速惠清项目施工微创新技术实施方案"下发到各参建单位，先进设备、工艺、工法一并纳入优质优价奖励范畴。总结阶段，以"实效"为原则、用数据说话，编制了"惠清绿色科技示范总结要求告知书"下发至咨询与科研单位，全过程管理有制度、有要求。

三是，明确建设责任落实"三主体"并且将要求纳入合同条款要求。明确要求科研单位是理论研究的落实主体，施工单位是成果应用与现场落实的主体责任，示范咨询与监理单位负监督责任。科研合同重在"成果指标量化"考核，在指标设置中侧重于现场应用与成果转化的，报库专利与软件著作权、新装备开发、新材料开发，导向科研成果转化。与施工单位列支绿色科技示范配合经费，明确了监督单位各方的权利与义务，签订了"惠清绿色科技示范科研、施工、咨询单位责任状"。

（3）建设目标

以生态文明、绿色发展理念为指导，全面贯彻落实交通运输部《关于实施绿色公路建设的指导意见》，全过程采用绿色技术，全寿命实现绿色效益，全方位进行绿色管理，全面展示绿色成果，建成广东省生态敏感山区绿色公路建设典型示范工程。通过示范工程的实施，系统解决惠清高速公路建设运营过程中所面临的突出技术难题；打造出一条具有鲜明特点的绿色公路典型示范工程，探索总结出统筹资源与节约利用、低碳环保与生态保护、安全耐久与绿色施工、智慧创新与服务共享、管理提升与标准规范五大方面的绿色公路建设管理经验；形成一整套可操作性强、可推广、可复制的绿色公路建设体系文件；培养并锻炼出一大批具有绿色公路建设思维和实践能力的产业人才；为今后行业绿色公路发展提供值得借鉴的鲜活范例。

惠清高速绿色公路的目标总体概况为：以"科技引领、创新管理、绿色建筑、铸造精品"为管理理念，以安全保障为前提，以精细化管理为手段，以创新管理方式为杠杆，以提升质量为核心，以生态环保为重点，以科技创新为动力，努力打造"安全可靠、质量精品、环保舒适、科技创新"的全国高速公路绿色典型示范工程。

4. 绿色公路主要经验及做法

（1）策划先行、谋划全局，全寿命周期、全方位贯彻绿色公路建设理念，做好绿色公路创建开篇布局

惠清高速绿色公路项目是一项系统工程。项目综合采用系统工程和价值工程的方法，在项目全寿命周期的各个阶段，以客观条件为基础、以目标和问题为导向，系统地认识、策划及管理。通过规划设计和全程管理，配合建设过程，将目标需求和过程控制具体化，融入准备期的规划设计中，形成"运营中提需求、建设中加要求、设计中抓细节、规划中把方向"的无缝体系，

将绿色低碳贯穿项目全寿命周期。

在前期工作中确定了项目创建绿色公路建设总目标，并细化分解形成了16个分项子目标；以五大发展理念结合高速公路建设实际发展形成了八大建设管理理念；应用系统工程方法，编制形成了《惠清项目建设管理大纲》，并结合绿色公路、质量、安全生产、设计、科技、环保水保等业务领域分解编制了12个专项策划方案，确定了16项子目标，以合同约束为贯彻落实的基础，编制了一整套相应的项目管理配套制度。

为配合绿色公路顺利实施，项目在设计及招标阶段创造性地提出了标准化设计、双标管理补充细则、质量管理强制性标准、路面精细化施工管理、安全生产强制性手册、HSE一体化管理、"6S"管理等9项先进管理体系文件，并将其载入合同条款，以合同形式进行法律约束、明确责权利，为绿色公路顺利实施奠定了坚实的基础。

（2）创新引领、互联互通，将绿色公路、品质工程及科技示范三位一体协同打造

项目坚持创新要素驱动，将科技、绿色的基因融入项目全过程，攻关重大技术、应用"四新"技术、探索绿色技术，以"绿色公路"创建为核心，结合"品质工程试点""科技示范工程"的建设要求，建立起交通科技成果转化应用和产学研相结合的交通科技创新体系，总结出一整套可推广复制的操作模式，为今后广东省生态敏感山区乃至全国地区的公路建设提供借鉴。项目累计开展科研项目攻关14个（广东省交通科技项目），引进、消化、吸收、应用35项绿色技术依托工程推广应用，150余项微创新并形成专著出版。出版专著6部、专利与软件著作权40余项、发表论文100余篇。项目最终形成百余项专利；发表论文200余篇；形成行业标准、指南等各类著作10余部；拟申报各类科技奖项20余项，同时向鲁班奖、李春奖、詹天佑奖等工程类奖项发起冲刺。在2020年度中国公路学会组织的全国公路微创新大赛中获得1金6银4铜的大满贯，获奖数量占到全部奖项数量的十分之一。

其中"生态敏感区绿色隧道成套施工技术"与"岭南山区公路隧道高品质建设与运营关键技术"攻关研究取得了重大突破，助力惠清项目隧道工程高品质建成。"钢-UHPC装配式轻型组合梁桥设计施工关键技术研究""生态环保型沥青混合料TSEM"等一批新材料、新型组合结构技术在惠清项目进行重点攻关研究并成功示范应用。智慧公路攻关技术成果落地，国内率先将公路项目建设管理系统、工程质量管理系统、安全信息管理系统等开发的11个子系统统一整合，建立全覆盖统一管理的一体化综合平台，大幅度提高建设项目的管理水平和效率。"基于无人机视觉的高速公路建设管控技术研究与示范"填补了无人机在行业中应用空白；北斗高精度定位技术、车—路—中心多模式信息交互技术，成功研发并成功应用与我国新一代国家交通控制网构建，与"交通强国""新基建"的总体要求、发展目标高度契合，全面展示了智慧创新与服务提升的内涵，全过程体现绿色建造，全方位彰显了绿色效益。

（3）是解放思想，创新管理，以质量安全为抓手，突出主体工程绿色基因的打造

绿色公路首先一定是高质量、安全的工程，其建设过程一定伴随着与之配套的管理与制度创新。惠清项目首次系统化、体系化的编制了《汕（头）湛（江）高速公路惠州至清远段项目质量管理策划》《汕（头）湛（江）高速公路惠州至清远段项目安全生产管理策划》等11个管理方案，在项目前期筹建阶段、施工阶段和缺陷责任期阶段，通过组织、合同、经济、技术和管理措施，推行"全员、全过程、全覆盖、全天候"的全面质量管理（TQM）、全面安全管理（TSM）理念。

2017年项目承担了广东省交通运输厅委托的安全防护标准化指南编制任务，形成可复制、可推广、适用于高速公路工程施工的安全防护设施技术标准指南成果和部分安全防护设施试制品在项目先行先试，理论与实践同步进行，现场安全行为得到有效提升。同年，获得广东省"平安工地"示范项目第一名。

项目率先将"全面质量管理"体系引进高速公路建设管理并改造完善为四全四法全面质量管理体系；丰富发展并提出"大安全管理"理念，倡导本质安全；施工图首创编写安全生产、施工组织、环保水保专章。各项管理创新成果连续获得由广东省工业与信息化厅、国资委等单位组织的第二十八届、二十九届广东省企业管理现代化创新成果一等奖。

（4）是立足实际、因地制宜，探索绿色公路建设制度标准体系，助力绿色公路建设顶层设计

惠清高速结合建设运营可能导致的资源消耗、环境污染和生态破坏等问题，开展绿色公路施工标准化研究，形成绿色公路技术集成应用体系、绿色公路工程及其应用技术体系绿色程度的判定标准以及施工"双标"管理体系等一系列技术标准体系。突显绿色标准在绿色发展顶层设计工作中发挥基础性作用。所取得的相关成果对推动绿色公路建设、推进交通基础设施绿色发展起到了重要的作用。

基于惠清项目实践的绿色公路建设标准体系已经初步形成，构建了以"绿色设计+绿色施工+绿色养护"三阶段、四层级共计486项评价指标的绿色公路建设评价体系，已经申请指南力争形成标准。最终形成的一系列创新管理成果、研发的一批新型产品、制定的一系列标准指南，总结出一整套可复制、可推广、可借鉴的经验做法，进而为推动行业进步，贡献广东惠清经验。

5. 绿色公路建设成效

在惠清高速创建绿色公路具体实施过程中，通过从管理层到实施层各参建单位的共同努力，创建绿色公路典型示范工程圆满完成了计划实施目标，围绕"科技引领、创新管理、绿色建筑、铸造精品"十六字方针，在多个方面取得了重大效益。共计避让生态敏感区10处；利用施工便道与地方道路建设结合317km，实现20处临时用电永临结合；节约用地约2000亩*，减少占用高

---

* 1亩 ≈ 666.67平方米（m^2），下同。

标准农田约150亩；移栽珍贵原木2116株，节约造价220万元；收集可利用表土11.6万 m^3，实现了"最小限度破坏、最大程度保护、最强力度恢复"的环保理念，树立了在广东省乃至全国绿色公路建设的典型示范。

（1）节能减排直接效益巨大

惠清项目创建绿色公路项目实际完成节能折标煤1140577.32tce，产生的节能减排直接效益巨大，在取得显著环保效益的同时，节约了公路建设投资成本。

（2）生态环境保护效果显著

惠清创建绿色公路项目生态环保效果显著，集中表现在对土地、碳汇、水源、噪声四大环保要素的保护与集约循环利用上：隧道弃渣利用和表土收集循环利用，变废为宝，节约土地资源，减少水土流失；植被恢复与绿化工程，实现优化景观与碳汇环保双重效益；施工用水循环利用与桥面径流、生活污水处理利用，节约水资源，保护水环境；防止噪声污染，实现公路交通与人居和谐。

（3）科技创新水平提升显著

绿色建造技术取得重大突破，一批新材料、新型组合结构技术在惠清项目进行重点攻关研究并成功示范应用，包括"岭南山区公路隧道高品质建设说运营关键技术""隧道'设计—施工—运营'全寿命周期攻关隧道绿色建造技术""钢–UHPC装配式轻型组合梁桥设计施工关键技术研究""生态环保型沥青混合料TSEM"等。"基于无人机视觉的高速公路建设管控技术研究与示范"填补了无人机在行业中应用空白，实现了全过程绿色建造，彰显了绿色效益，保障了工程安全与耐久。

（4）统筹地方发展意义重大

惠清高速地处有"中国温泉之都"之美称、"北回归线上的明珠"和"珠三角后花园"之誉的南昆山风景区腹地。境内有100多个湖泊水库，12万 hm^2 青山，森林覆盖率67.2%。有旅游景区近20处，流溪河国家森林公园、石门国家森林公园、流溪温泉旅游度假区和抽水蓄能电厂旅游区4个广州重点生态旅游区，世界最高的北回归线标志塔等一批文化景观。同时作为横跨珠三角的汕湛高速最后通车段落，彻底打通了珠三角交通大动脉，为大湾区统筹地方经济发展按下了"快进键"。

（5）服务水平提升社会认可

项目搭建了建管养一体化平台，成功应用了以北斗高精度定位为核心车路协同的攻关研发并示范应用等一批智慧建造技术，全面展示了智慧创新与服务提升的内涵，得到了行业及社会的广泛认可。

（二）云茂高速绿色公路建设实践

1. 项目概况

云茂高速公路是广东省高速公路网规划的"九纵线"罗阳高速公路与"十纵线"包茂国家高速公路的联络线，贯通广东省西北部区域并连接广西壮族自治区的东部。项目东接罗阳高速公路，穿过包茂高速公路后向高州市荷花镇延伸至粤桂省界，向西对接广西壮族自治区规划的浦北至北流（清湾）高速公路。

项目起点为罗定市围底镇，途经罗定市素龙镇、罗平镇、太平镇、罗镜镇，信宜市平塘镇、钱排镇、白石镇、丁堡镇、水口镇、镇隆镇，终于高州市荷花镇。项目主线全长129.816km，其中经罗定市里程约40.506km、信宜市里程约74.08km，高州市里程约15.23km。主线采用设计车速为100km/h的双向四车道高速公路标准，路基标准横断面宽度26m。桥隧总长度51681.5m，桥隧占路线长度的比例为39.8%，越岭段桥隧比高达66.64%。

2. 项目特点

（1）沿线生态敏感区众多，公路建设生态环保要求高；走廊带狭窄，设计难度大

云茂高速全线位于粤西地区，生态环境良好，走廊带狭窄，地形地貌复杂多样，区域内的自然保护区、风景名胜区、森林公园等环境敏感区较多，共涉及12处饮用水源及自然保护区。沿线途径多处生态严控区、娃娃鱼保护区、森林保护区。环境敏感点多，包括云开山国家级自然保护区、信宜市鹦婆石县级自然保护区、信宜市黄华江大鲵和水产资源县级自然保护区、黄华江大鲵水产保护区等，安全环保管控难度高。

（2）地质破碎，施工风险高

项目区位于粤西云开大山东南缘，夹持于北东向的吴川—四会断裂带与信宜—廉江断裂带之间，起点斜穿贵子弧形带断裂。沿线区域内断裂发育，褶皱常见；高液限土、软土、放射性花岗岩等特殊岩土密布；浅层滑坡、崩塌、隐伏岩溶等不良地质常见，施工风险大。

（3）桥隧工程规模较大，建设与运营安全保障难度大、节能环保要求高

云茂高速全线越岭段桥隧比66.64%，设多座隧道和高墩高架桥梁，桥梁最大墩高达98m，高边坡112处。桥隧总长度51681.5m，桥隧占路线长度的比例为39.8%，全线共设桥梁108座，总长40086.5m，其中特大桥9645.5m/6座，大桥29177.4m/77座，中小桥1263.6m/25座，40m以上高墩366个，其中最大墩高104m；全线共设隧道8座，总长11595m，其中特长隧道3457m/1座，长隧道5774.5m/3座，中隧道1666m/2座，短隧道697.5m/2座。

由于高桥隧比导致隧道施工洞渣处置困难，运营期隧道照明能耗高等问题突出。因此，桥隧施工质量与安全是决定整个项目质量与安全的重要环节；同时，需要强化施工期间隧道弃渣循

环利用、隧道路面施工环保与节能管控以及运营期间特长隧道、服务区供电综合节能技术的研究与应用，更好地体现绿色高速公路创建理念。

（4）工点分散，便道复杂

施工便道受山谷及桥隧隔断，弯曲狭窄，工点分散，材料运输困难，且线位远离既有道路，施工组织难以全面铺开，进度控制难度大。

（5）地形地貌及工程地质条件复杂，局部路段安全风险突出

云茂高速区域处于云开大山脉之中，穿越全省第二高峰，沿线地貌以山岭及重丘为主，地形复杂多样，山高谷深、线位经过处海拔介于89~800m，施工安全风险高造价控制难度大。

在上述生态敏感区内进行公路建设，不可避免地会对敏感区的生态系统形成扰动和破坏，影响生态系统的水源涵养、水土保持、景观游憩及生物多样性保护等生态服务功能，所以必须强化施工期的生态环保管控措施，最大限度地保护绿水青山（图7-2）。

图7-2 云开山脉东西两侧高差大，部分路段山高谷深

（6）走廊带交叉，协调难度大

沿线与多条既有道路交叉（仅县级以上地方道路交叉达19处）；管线密布（仅110kV以上高压电力线11处）；跨越包茂高速、罗阳高速及洛湛铁路，与铁路和电力部门协调难度很大。

3. 绿色公路建设理念及总体架构

（1）建设理念

深入贯彻落实"创新、协调、绿色、开放、共享"五大发展理念和"综合交通、智慧交通、绿色交通、平安交通"四大交通发展要求，认真落实"六个坚持、六个树立"的勘察设计理念、深入开展现代工程管理和施工标准化活动，以理念提升、创新驱动、示范带动、制度完善为途径，强化科研技术支撑与应用，建设以质量优良为前提，以"保护自然环境、坚持以人为本、集约节约利用资源、全寿命周期成本最小、景观绿化适度"等要素为主要特征的绿色公路，因

地制宜确定实施方案,统筹公路建设全过程、全方位、全要素绿色发展要求,实现云茂高速公路建设与大自然高度和谐统一、健康可持续发展。

(2)建设思路

建设思路:项目特点、优势、需求→广泛调研→总体策划→技术清单→示范主题→专项实施方案→方案评审→实施过程与成效→中期评审→成果总结→示范工程验收→推广应用。

以"装配化、绿色技术集成应用"为重点,突出"装配化设计与施工、'四新'技术研发与推广、科普式服务区建造与沿线扶贫、管理制度创新"等重点和亮点,大力推进"四新"科技成果的集成应用,打造粤西地区绿色公路建设试点示范工程,力争将云茂高速公路铸就为绿色公路和品质工程的"广东样板"(图7-3)。

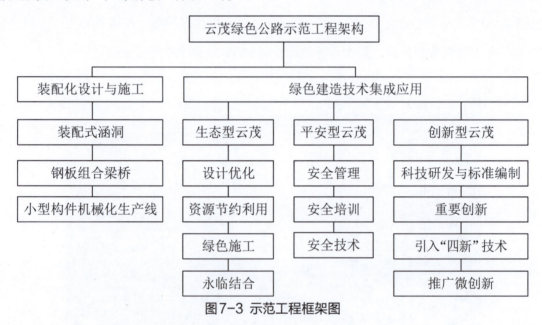

图7-3 示范工程框架图

4. 绿色公路主要经验及做法

云茂高速绿色公路建设实施方案中共确定技术124项,详见表7-1。

表7-1 云茂绿色公路创建技术清单

类别	示范类别	序号	示范技术
装配化云茂	装配化设计与施工	1	装配式涵洞推广与标准图编制
		2	钢板组合梁桥试用与标准图编制
		3	定向研发小型构件自动化生产线
生态型云茂	设计优化	4	生态选线
		5	生态边沟系统
		6	平原区路改桥
		7	山岭区桥改路

续表

类别	示范类别	序号	示范技术
生态型云茂	设计优化	8	高性能混凝土HPC应用
		9	沿河桩基、陡坡墩柱防护
		10	绿化设计与景观提升
		11	隧道洞门采用浆砌片石装饰
		12	隧道洞口段采用多功能储能发光涂料装饰
		13	LED综合照明及智能控制技术
		14	电动汽车充电站建设
		15	净味环保沥青或温拌沥青技术
		16	路面径流收集处理系统
		17	污水分类处理
	资源集约节约利用	18	清表土收集和利用
		19	原生大树移植保护
		20	利用路基做预制场
		21	预制场养生水循环利用
		22	高液限土分类利用
		23	隧道洞渣分类利用
		24	机制砂加工利用
		25	混凝土搅拌站波纹板料仓隔墙
		26	施工期集中供电
		27	沥青拌和楼"油改气"技术
		28	基于生态补偿的弃土造田还林技术
	绿色施工	29	隧道绿色无碱湿喷混凝土技术
		30	旋挖钻干挖法成孔桩基成桩技术
		31	放射性施工环境监测与防护
		32	扬尘、噪声、视频一体化监测监控技术
	永临结合	33	三集中永临结合
		34	施工便道永临结合
		35	供电线路永临结合
		36	红线内民房保留利用

续表

类别	示范类别	序号	示范技术
平安型云茂	安全管理	37	安全生产费用清单编制
		38	安全防护标准化指引图册
		39	高边坡滑塌应急抢险救援预案
		40	疫情传播期三色工作证管理
		41	路面施工期车辆管控系统
	安全培训	42	基于3D虚拟技术的"VR安全体验馆"
		43	多媒体安全培训工具箱
	安全技术	44	人工挖孔桩施工
		45	重要风险点实时视频监控
		46	基于北斗定位系统的高边坡变形自动化监测
		47	隧道三维可视化施工监控技术
		48	滚筒式防撞护栏技术
		49	雾区恶劣天气预警及诱导系统
		50	雾区护栏LED低位节能照明系统
		51	高空作业防坠器
		52	桥梁防撞护栏施工安全母索
创新型云茂	管理创新	53	基于"两个代表"理念的安质管理制度
		54	设计代表驻场与考评制度
		55	优质优价与平安工地考核制度
		56	淘汰落后工艺、设备、材料清单
		57	绿色公路随手拍
		58	档案管理系统
		59	拌和站及试验室信息双控系统
		60	旅游体验式服务区与科普展馆
	科技研发	61	长大隧道软弱浅埋段高压旋喷桩法地表加固关键技术及效果评价研究
		62	基于三维激光扫描建模技术的桥梁高精度虚拟预拼技术
		63	基于雷达技术的隧道全时自动化监控系统开发及应用
		64	公路工程项目质量风险源辨识及评估技术研究
		65	广东省公路工程"三级清单"模式下基于BIM技术的新型建设管理系统研究

续表

类别	示范类别	序号	示范技术
创新型云茂	科技研发	66	公路混凝土用机制砂技术标准研究
		67	高速公路绿色服务区建设技术研究与示范应用
		68	云茂高速公路建设成果系列丛书
	"四新"技术	69	涵台背质量抽芯检测方法
		70	聚能水压爆破技术
		71	隧道初支混凝土落实湿喷工艺和无碱速凝剂
		72	隧道二衬施工成套工艺
		73	高品质机制砂生产线
		74	经济环保型隧道初支湿喷混凝土
		75	预制梁模板采用液压滑模
		76	预应力智能张拉、压浆及信息化管理
		77	无人机在智慧化管理中的应用
		78	振动搅拌耐久型路面基层技术
		79	边坡刻槽机
		80	爬山虎传送机
		81	边沟滑模施工
		82	连体式立柱施工操作平台
		83	钢筋笼自动滚焊机
		84	数控弯曲中心
		85	二氧化碳保护焊
		86	隧道钢拱架法兰盘等离子切割机
		87	隧道钢筋网片自动焊机
		88	轻型锚杆钻机
		89	"雾炮"机除尘养生
		90	新式仰拱栈桥
	微创新	91	圆管涵模具散料盘及对拉环
		92	圆管涵钢筋弯圆机
		93	桥梁湿接缝施工底模提升架
		94	桥梁防撞护栏施工台车

续表

类别	示范类别	序号	示范技术
创新型云茂	微创新	95	桥梁中央分隔护栏带装修平台
		96	桥下排水施工作业平台
		97	新泽西护栏钢筋绑扎胎座
		98	直螺纹有效长度检测器
		99	桩基冲击钻锤头直径测量仪
		100	角钢式二衬预埋筋定位工装
		101	钢拱架连接板定位工装
		102	便捷式二衬台车斜向支撑装置
		103	预制T梁防倾覆支撑装置
		104	T梁混凝土浇筑平台
		105	空心薄壁墩钢筋绑扎操作平台
		106	止水带定型卡模
		107	新型挂篮预压装配式反力架
		108	新型箱梁0号块托架
		109	新型预制梁楔形块调坡装置
		110	中空锚杆注浆快速接头
		111	桩基沉渣厚度检测锤
		112	装配式涵洞自动化喷淋养护台车
		113	装配式涵洞钢筋绑扎胎具
		114	新泽西护栏调平层注浆机
		115	土路肩夯实定型机
		116	预制梁预应力钢绞线梳编台

（1）广东省首次试点应用装配式涵洞

通过设计阶段的多方调研，云茂高速在广东首次成功应用装配式涵洞，通过工厂化预制、现场"搭积木"式拼装，大大减少了野外施工时间，破解了恶劣天气影响施工进度的难题，提高了施工效率和实体质量，综合效益显著。通过试点应用，全线共推广装配式涵洞25座（总涵长1159m），并成功总结出了一套装配式涵洞标准图集和预制、吊装、拼装施工标准化工艺，对工期、质量、安全、效益等进行了全面对比研究，形成了云茂经验（图7-4）。

图7-4 装配式涵洞

（2）广东省首次试点应用钢板组合梁桥

为节约钢梁拼接临时征地面积，提高安装精度，为运营期桥梁结构性能演变分析提供溯源数据，云茂项目首次在国内应用三维激光扫描建模技术对钢梁进行预拼装指导钢梁加工安装。三维激光扫描具有高速度、高分辨率、高精度的特点。虚拟预拼能省去实体预拼需要的场地、吊装设备、胎架以及人力等成本，节省工期15%以上，降低成本20%以上。云茂高速分别在高台大桥和老屋村大桥实施，总长达1088m，用钢量达5400t。钢板组合梁桥在云茂高速公路的成功应用，体现出钢板组合梁在施工、进度、质量、安全和环保等多方面的优势，为项目打造绿色公路提供了有力保障（图7-5）。

图7-5 钢板组合梁桥

（3）"四新"技术集成发力支撑示范工程创建

云茂高速在施工招标阶段将要求采用的"四新"技术列入合同条款，在项目实施过程中，由于地质条件复杂、施工条件困难、工期紧等因素，在总结以往山区高速公路突显的质量、安全通病的基础上，调研、引进了国内多条高速公路、铁路经验，研发了涵台背施工质量抽芯检测、隧道浅埋段软弱围岩高压旋喷桩加固技术等一系列技术成果，对项目建设各环节进行系统深入思考，同时针对施工中出现的新问题，追根溯源，提出了有效的解决方案。在国内首次开发并试点应用基于分布式超宽带毫米波干涉雷达技术的隧道形变智能实时监测预警系统，全线隧道初支混凝土落实湿喷工艺和无碱速凝剂，推广高边坡GNSS自动化监测、北大定位技术、隧道聚能水压光面爆破、隧道二衬施工成套工艺、三维激光扫描等"四新"技术（图7-6）。

（a）隧道喷射混凝土采用湿喷工艺

（b）隧道二衬分层逐窗浇筑

（c）隧道三维激光监测技术

（d）涵背回填钻心取样

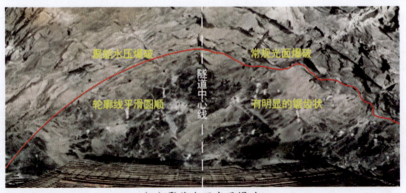
（e）聚能水压光面爆破

图7-6 "四新"技术

（4）打造"一区一品一馆"特色服务区

云茂高速依托白石服务区筹建云茂高速公路建设技术展馆和信宜市三华李特色产业，打造"一区一品一馆"。高速公路建设技术博物馆主题定位为"高速公路是怎样建成的"，博物馆与科普基地共建，集"党建引领、工匠精神、科普教育、行业示范、交通强国"多功能为一体，通过收集、保留、展示和传播云茂高速公路建设过程中有代表性的技术和创新成果，弘扬公路人不畏艰难困苦、精益求精的工匠精神。该项目目前处于方案设计阶段。

（5）全要素、全方位安全管理制度创新

云茂高速创新安质管理模式，将以往归属于工程部的业主代表纳入安质管理部统一管理，以现场安质管理为核心职责，加强管理要求执行和现场反馈的力度。同时，编制了《业主代表管理手册》《业主代表考核办法》。首次提出业主代表的"两个代表"职责和理念，对项目公司代表施工单位反映问题，对施工单位代表业主行使管理职权（图7-7）。

图7-7 创新安质管理模式

建立全过程驻场设计制度，开展设计变更评比。云茂高速建立了勘察设计人员驻场设计制度和优质设计奖励办法。在施工期，在广东省首次制定了《设计变更工作评比与奖惩办法》、四方会签表和服务函任务单制度，充分调动设计人员积极性，提高了设计变更服务质量和工作效率。

推行安全质量同工序验收措施，在管理上落实"安质同步"。项目全线推行高墩施工安全质量同步工序验收措施，有力贯彻了"一岗双责"制度，有效地增强了项目部对施工现场危险性较大施工工序的安全管控力度，为施工作业人员的安全提供了可靠保证。

5. 绿色公路建设成效

（1）"四新"技术应用方面

云茂项目吸收行业内的先进经验，并结合以往项目建设中存在的问题和通病，开展有针对性的创新工作,开展重要创新15项,引入"四新"技术29项,总结推广"微创新"31项。经测算,云茂项目引入四新技术增加投入约3500万元,创造价值约8000万元。目前品质工程建设措施已落地90%以上,切实提升了施工质量。

开展技能评比15项,微创新评比3次、品质工程班组评比3次、云茂工匠评比3次,评比出技术能手(云茂工匠)124人、微创新31项、品质班组34个、标杆工程53个、安全标杆51项,利用安质违约金奖励888万元。

（2）施工期永临结合方面

云茂高速驻地选址尽可能利用闲置民房、闲置的村部、办公楼、学校、养护中心等处,此举既能给地方带来经济收入,减少房屋闲置损失,又能减少因新建临时驻地建房对自然造成的环境破坏,共减少征地面积约4亩。两区三厂共减少建筑垃圾2915m³。在施工便道建设中,做好"永临结合",为当地增加永久道路174处、长约80km。通过"三改"工程,为地方升级改路300余处、长约63km,改造加固桥涵384处、长约17km,实施改沟186处、长约30km,改渠22处、长约2400m,便民工程投入费用达4.02亿元。施工用电永临结合有2处,节约资金40余万元。

（3）资源节约与循环利用方面

①排查全线软基,共优化处理方案175处。

②针对山区高速公路特点从全寿命考虑设计方案的合理性,开展隧道与高边坡方案、线位走向、桥与路基等专题比选共计30余次,全线隧道最终确定为8座,线位避开环保区、生态严控区、水源保护区,桥梁合理设置,确保挖填基本平衡,减少弃方120余万m³。

③在设计时,避开环境敏感点,同时结合粤西山区环境特点,三改工程（改路、改沟河、改涵）考虑鱼塘供水（塘斗）、鱼类迁徙和村民上山伐木通道需要。

④大树移植2300余株,用于管理中心、服务区、互通区等景观绿化。

⑤云茂项目改良利用高液限土约100万m³,清表耕植土收集利用约3万m³;

⑥利用红线内路基建设预制梁场22座,节约临时用地约358亩,通过修筑挡土墙,收缩路基边坡坡脚,节约建设用地约500亩。

⑦隧道洞渣综合利用约75万m³。

⑧云茂高速拌和站均采用波纹板作为料仓隔板,共减少料仓拆除后产生的混凝土垃圾近15000m³。

⑨利用智能养生管理系统,节约用水约50%,1个梁场可节约用水成本近4万元,同时可减少1~2名养生工人;预制梁场采用养生水循环利用技术,可节约16t水。

（三）仁博高速绿色公路建设实践

1. 项目概况

广东省仁化（湘粤界）至博罗公路是国家高速公路网"武汉至深圳高速公路"的重要组成部分，项目起于韶关市仁化县城口镇，接湖南省炎陵至汝城（湘粤界）高速公路，途经仁化县、始兴县、翁源县、连平县、新丰县、龙门县，终于惠州市博罗县，与博深高速公路顺接，路线全长约272km。其中，仁化至新丰段经韶关市仁化、始兴、翁源县及河源市连平县，终点接大广高速公路，主线路线全长163.933km；新丰至博罗段起于韶关市新丰县丰城，终点位于罗阳镇，与博深高速公路相接，路线全长107.781km。

2. 项目特点

仁博高速公路工程特点与技术需求主要体现在以下4个方面。

（1）沿线水资源敏感区分布广，水资源保护要求高

仁新段属珠江流域北江水系，其一级干流浈江流经测区，植被发育，森林覆盖率大。项目沿线河流主要有路线起点大麻溪、锦江、浈江、墨江、沈所河、罗坝水及清化河。沿线冲沟、水库电站分布广泛。主要河流通航等级为：浈江、墨江定级为7级航道，锦江、清化河为等外航道，其余河流不通航，其中，锦江流域地表植被较好，森林覆盖率达76%，浅层地下水较邻近河流充沛。另外沿线途经花山水库、冷水径水库、横溪水源保护区和梅下水库水源保护区等，地表水水质较好，敏感水体分布广，对水资源保护要求比较高。

（2）沿线森林与林地保护区植被生态敏感度高

仁博高速公路沿线自然景观资源丰富，施工建设和运营期间应充分考虑生态环保和野生动物穿越的安全。沿线保护区主要有南山省级自然保护区、广东车八岭国家级自然保护区、丹霞山国家地质公园、小坑国家森林公园、云髻山自然保护区、杨坑栋自然保护区、雪山顶森林公园、粤北华南虎省级自然保护区和锦江鱼类生物多样性自然保护区、青云山自然保护区等。

因此，针对仁博高速公路沿线森林与林地保护区植被生态敏感度高这一问题，需重点对沿线原生大树移栽、原生植被物种免侵袭以及固碳植被选型开展研究与示范，更好地保护植被生态资源。

（3）粤北山区隧道规模大，施工营运节能降碳要求高

仁博高速公路推荐线位共设隧道36464m/19座。隧道断面分四车道和六车道两种断面形式，其中青云山特长隧道左线长5910m、右线长6010m，均为双向六车道隧道。因此，针对施工期间隧道弃渣循环利用、隧道路面施工环保与节能问题以及运营期间特长隧道照明供电综合节能问题进行研究与示范，能更好地体现绿色高速公路创建理念。

（4）粤北山区丘陵地貌耕地资源少，土地价值高

仁新段沿线基本为低山丘陵和重丘地形地貌，沿线山地多为经济林，部分河谷盆地土地多为耕地和城镇规划用地，耕地资源稀缺，土地价值高，保护耕地和节约用地尤其重要。因此，在施工期间开展土地表土资源收集与循环利用技术研究与示范，将红线范围内适合耕种的表层土壤剥离出来，进行集中堆放和管理，用于原地或异地土地复垦、土壤改良及景观绿化种植等，避免表土资源的浪费和水土流失，为粤北山区生态敏感路段开展表土资源收集利用提供技术支撑与工程示范。

3. 绿色公路建设理念及总体架构

（1）建设目标

项目在充分结合地形、地貌、地质、水文、气候、植被等特点的基础上，从规划设计、施工建设和运营管理全过程，以"创新、协调、绿色、开放、共享"五大发展理念为指导，提出"生态选线""环境选线"的山区绿色公路创建理念，采用成熟技术适用性研究示范和新技术新材料研发示范，创建集生态保护、资源利用、节能降碳和创新管理于一体的粤北山区绿色高速公路品质工程支撑技术体系，通过用"心"设计，注重技术研发与示范，力争将仁博高速公路创建成一条生态环保和绿色低碳的山区绿色公路典型示范工程。

（2）总体思路

深入贯彻落实"创新、协调、绿色、开放、共享"五大发展理念和"综合交通、智慧交通、绿色交通、平安交通"四大交通发展要求，以理念提升、创新驱动、示范带动、制度完善为途径，强化科研技术支撑与应用，建设以质量优良为前提，以"生态环保、资源节约、节能高效、服务提升"4个要素为主要特征的绿色公路，拓展工程品质外延，实现仁博高速公路建设与大自然高度和谐统一、健康可持续发展。仁博高速绿色公路建设技术框架如图7-8所示。

首先重点围绕创建仁博绿色公路展开调研和需求分析，系统掌握仁博高速公路地处粤北山区的工程特点、存在问题和生态环境条件；其次，围绕项目研究目标，系统梳理技术需求，提出适用于仁博高速创建绿色公路的节能、减排和环保技术清单；然后，系统考虑工程设计、施工、运营管理全过程，分别从生态环保、资源利用、节能降碳、服务提升4个方面提出成熟技术适用性研究推广应用技术和新技术新材料攻关研发示范类技术。

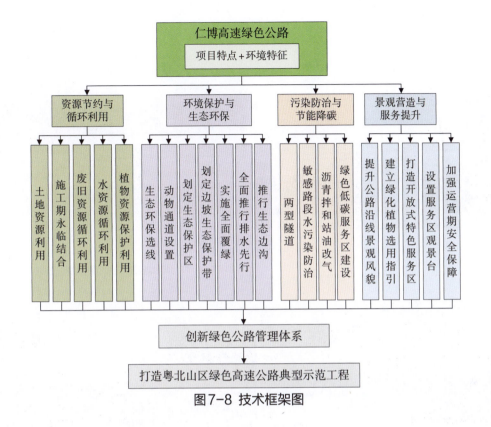

图7-8 技术框架图

4.绿色公路主要经验及做法

仁博高速公路在建设管理、设计、施工及监理单位的全方位协作与努力下，绿色公路典型示范方案里面确定的资源节约与循环利用技术、环境保护与生态修复技术、污染防治与节能降碳技术、景观营造与服务提升技术四大类共42项示范任务全部顺利完成，建设目标初步得以实现。

（1）资源节约与循环利用

该项目在公路建设过程中，注重土地、水资源的循环利用，路面施工与隧道施工捆绑招标，将隧道洞渣加工成碎石后应用于路面工程，将风化程度高的隧道洞渣用于路基填筑、涵台背填筑，减少土方挖方量，减少对自然环境破坏。在清表过程中，将适合耕种的表层土壤剥离、集中堆放和管理，用于原地或异地土地复垦、土壤改良及景观绿化种植等，避免表土资源的浪费和避免水土流失。全线推广应用预制梁智能喷淋养护系统、高墩循环养生系统，提高水资源的循环利用效率。对沿线煤系土、高液限土等填料利用进行试验研究后进行合理推广应用，减少弃方和借方，降低对周边环境的破坏，节约工程造价（图7-9、图7-10）。项目建设过程注重永临结合，积极推进施工便道与地方道路永临结合、隧道外供电永临结合、房建充分利用原有的设施，节约资源的同时节约造价。

图7-9 煤系土利用

图7-10 清表土集中堆放

（2）环境保护与生态修复

从绿色公路本质创建理念入手，在前期设计阶段充分开展生态选线和环境选线方法的应用示范，通过多方案比选、优化线形、创新设计、开展环评水保等工作，避绕自然保护区、风景名胜区、饮用水源地保护区、基本农田保护区等生态环境敏感区，为仁博高速公路生态环保奠定走廊线位基础。为充分保护项目沿线的珍贵生态资源，践行生态环保理念，该项目在严格贯彻落实环保、水保有关规定的基础上，注重对沿线生态资源的保护利用。施工期充分考虑在水资源敏感路段对盲沟水、路面水、桥面水收集系统的终端设置过滤池、应急池等收集设施，对径流污水收集处理，防止直接排入敏感水体。在项目互通区域、房建场区及边坡等红线范围内划定"生态保护区"，对保护区原生植被进行围闭保护，保护了约3.9hm^{2}原生植被，移栽的重要原生大树共为1324株，充分发挥原生植被的环保社会效益。采用"露、透、藏、诱"的设计手法体现沿线大地景观，使高速公路成为沿线景观的承载体，以隧道洞口、互通立交、服务区、房建为重点，努力提升景观品质。全线注重弃土场复绿、桥下复绿、施工便道复绿等生态修复工程，推进公路绿化、美化、生态化。研发基于陶土填料的生物速分球污水处理新材料新工艺，减少运营期污水对服务区周边环境的污染（图7-11~图7-13）。

图7-11 原生大树移植假植

图7-12 管理中心大树移植回用

图7-13 弃土场和桥下复绿

（3）污染防治与节能降碳

采用具有良好光亮度和光色温均可调的隧道LED照明控制系统，实现隧道照明能耗的节约，提升隧道LED照明光环境的行车舒适性和安全性。青云山特长隧道洞内中部3km范围采用了温拌沥青技术进行沥青中、上面层施工，减少了能耗，降低路面施工温度约20℃，有效降低了洞内烟雾排放，改善了隧道洞内作业环境。为减少九连山隧道内沥青施工作业环境，在不影响沥青性

图7-14 隧道洞内沥青路面施工通风设施

能和改变施工参数前提下,向沥青中加入一种中和沥青烟气的添加剂,可有效降低沥青烟气达95%以上。九连山隧道是我国第一个全程应用净味环保沥青的特长隧道。全线拌和站选用天然气作为加热沥青混合料的清洁能源,减少有毒有害气体造成的空气污染,保护当地自然环境。实施绿化植物碳汇能力与生态景观设计技术,以提升植物固碳能力,美化高速形象,改善周围环境(图7-14~图7-16)。

图7-15 青云山隧道

图7-16 九连山隧道

(4)景观营造与服务提升

仁博高速为加强绿色服务区建设,提升公路行业服务水平,服务体验及社会形象,开展了基于特色服务理念的安全舒适与绿色低碳"两型"服务区建造技术研究与示范。为提高服务区的功能服务水平,拓展服务区景观价值体验,龙门服务区打造观景平台,可俯瞰整个龙门县城,为驾乘人员提供满意的出行服务。依托当地丰富的农业资源,同地方政府进行特色农产品展销、展示、农业观光休闲的特色服务区合作开发,将翁源服务区打造成开放式"绿色生态农业"特色示范服务区,既可丰富旅客路途体验,亦可有效宣传地方特色农产品,进一步提升项目公共服务设施的品质形象(图7-17)。

(a)丹霞枢纽互通

(b)江尾互通

（c）南浦枢纽互通

（d）坝仔互通

图7-17 枢纽互通

此外，为确保"绿色公路"创建目标顺利实现，仁博高速严抓质量管理，创新性提出"1+6+1"现场质量管理模式。"1+6+1"的核心要义为"1"个核心思路、"6"大保障措施、"1"项督办创新（图7-18）。其一，以"业主全面主导"这"1"核心思路引领质量管理，在充分调动监理、试验检测单位进行监管的同时，业主发挥关键主导作用，通过顶层重视、主导，有效提升了质量管控力度；其二，以"业主检查为导向，关键指标为抓手，创新工艺为突破，活动开展为载体，材料准入为手段，首件验收为前提"这"6"大举措提供坚实保障，实现全过程、全方位、全环节管控，并且抓牢质量关键与重点，突出质量通病治理；其三，以"分级到位管控"这"1"创新做法督办问题整改，将现场质量问题分类，由监理组长、业主工程管理部标段长、专业工程师、副经理及以上人员对问题整改情况进行分级复查、持续跟踪，层层传导压力，跟踪落实到位，工程质量问题得到及时消除。

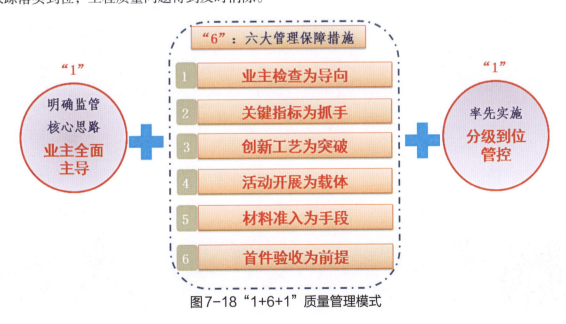

图7-18 "1+6+1"质量管理模式

5. 取得成效

（1）生态环保效益

仁博高速公路从绿色公路本质创建理念入手，在前期设计阶段充分开展生态选线和环境选线方法的应用示范，通过划定生态保护区保护原生植被20.01hm^2，移栽的重要原生大树共为1324株，全线注重弃土场复绿、桥下复绿、施工便道复绿等生态修复工程，推进公路绿化、美化、生态化。

（2）资源节约效益

施工期通过建筑设施永临结合，节约土地769亩；通过资源循环利用技术，利用表土资源17.6万m^3、煤系土11万m^3、高液限土15万m^3、隧道洞渣334万m^3；全线施工便道有88条便道（长度约145km）与地方道路结合，实现了资源循环利用。

（3）节能降碳效益

采用沥青拌和站"油改气"、特长隧道照明综合节能技术、基于碳汇能力和多样性的植物绿化组合景观设计等节能降碳措施，产生节能减排效益，减少CO_2排放71019.82t。

（4）经济社会效益

仁博高速通过绿色公路建设，带动和促进仁博高速公路项目建设管理水平和服务水平大幅提升，使绿色公路建设理念深入人心；形成一套山区高速公路创建与自然环境融为一体的绿色公路的可复制、可推广的经验，为行业内绿色公路创建发挥好示范引领作用。

二、浙江千黄高速绿色公路

（一）项目概况

图7-19 千黄高速

溧阳至宁德国家高速公路浙江省淳安段（以下简称"千黄高速"）路线起点始于皖浙交界处威坪镇株林村附近，经宋村乡、金峰乡、千岛湖镇，终点接已建成的杭新景高速公路千岛湖支线，项目全长51.422km（图7-19）。路线采用双向四车道高速公路标准建设，设计行车速度80km/h，路基宽度25.5m。全线设桥梁14.44km/43座，隧道25.92km/27座，填挖方2032万m^3，互通5处，主线收费站1处，停车区1处，桥隧比占总里程78.5%。

（二）项目特点

全线位于国家风景区外围保护界限及国家二级饮用水源保护区范围内。具体工程特点和难点如下：

①全线位于千岛湖国家风景名胜区外围保护界限，千岛湖国家二级引用水资源保护区，杜绝水污染，环保要求极高，在施工和运营期应采取水资源零扰动、零破坏，避免对湖区环境造成污染是环评的基本要求（图7-20）。

图7-20 沿线水资源分布

②全线穿越千岛湖国家森林公园（5A级旅游区），植物种类非常丰富，属于国家重点保护的植物就有18种。因此，全线对生态植被保护和绿化要求比较高（图7-21）。

图7-21 穿越千岛湖国家森林公园

③地形以低山丘陵为主，地貌主要有低山丘陵区、冲洪积平原、山麓沟谷堆积斜坡，耕地资源稀缺，土地价值高。耕地资源节约集约要求高。

④全线共设隧道27座，总长25917m，隧道建设规模大，施工期隧道废渣循环利用、运营期照明绿色节能以及运营安全保障要求高（图7-22）。

图7-22 隧道及隧道群规模大

（三）绿色公路建设理念及总体架构

1. 建设理念

项目按照国家、交通运输行业和浙江省相关建设要求，深入贯彻"绿色公路"和"旅游公路"的设计理念，遵循"不破坏就是最大保护"理念，充分利用走廊带山水、环境、人文、景观资源，通过路线走廊带的设计创作，打造一条"路融于绿、人行于景"的可持续发展的绿色公路。一方面，落实交通运输部绿色公路建设指导意见的建设理念和要求；另一方面落实交通运输与旅游融合发展提升服务水平的要求，形成杭州—千岛湖—黄山旅游环线的旅游公路，促进旅游可持续发展，最终将项目创建成为浙江省"最美公路"。

2. 建设思路

项目结合千黄高速公路工程特点以及国家、交通运输行业、浙江省的"五大发展理念""绿色公路""绿色浙江""五水共治"等相关政策要求，提出了以创建交通运输部"绿色公路"典型示范工程为重点、以打造"旅游公路"为亮点，特色突出，亮点显著的"1+1"创建总思路，即1个交通运输部绿色公路典型示范工程和1个浙江省最美旅游公路示范工程（图7-23）。

绿色公路围绕交通运输部"绿色交通"发展战略和《关于实施绿色公路建设的指导意见》的要求，重点从"生态环保、资源节约、节能高效、服务提升"4个要素进行示范创建，以保护千黄高速沿线水、植被、土地等生态环境、控制资源占用、降低污染排放、减少能源消耗、拓展千黄高速公路服务功能、提升服务水平为主要目标，注重设计、施工、运营管理、服务全周期过程，开展绿色公路创建创新管理模式、水环境保护、路域生态保护、资源循环与集约利用、"两型"隧道5个专题类型进行创建。

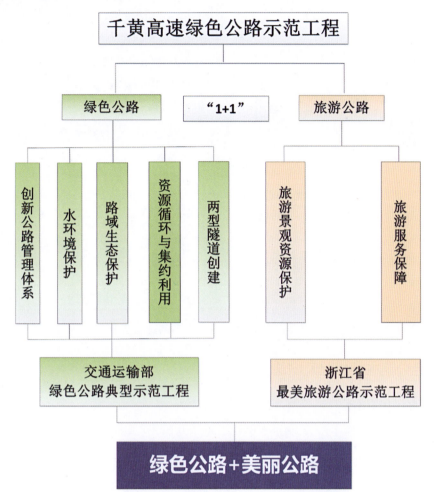

图7-23 绿色和旅游公路"1+1"建设思路

旅游公路围绕交通运输部"旅游融合发展""提升旅游交通服务品质"和浙江省"美丽浙江"的建设要求，重点从千黄高速沿线国家级风景旅游景观资源保护、旅游设施营造、旅游服务保障等方面进行创建。

3. 指导思想与目标

确定以生态选线、环保选线和景观提升为总的指导思想，全线贯彻不破坏就是最大的保护、近湖不进湖和路融于绿、人行于景的总的指导思想，创建尊重自然、顺应自然、保护自然的生态绿色公路和最美旅游公路双示范工程。

以此指导思想引领，研究制定了交通运输部"绿色公路"和浙江省最美"旅游公路""1+1"典型示范工程创建实施方案。目标是把千黄高速公路创建成为与自然环境融为一体的交通运输部"绿色公路"典型示范工程，打造成为浙江省最美"旅游公路"典型示范工程（图7-24）。

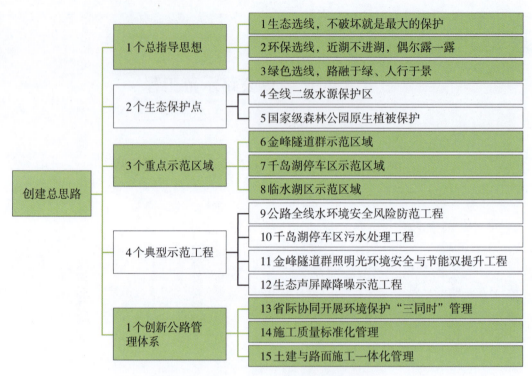

图7-24 "1 2 3 4 1 15"总体创建思路

（四）绿色公路主要经验及做法

1. 施工期水污染防治

项目施工时充分考虑施工废水、废渣、盲沟水、路面水、桥面水等对千岛湖水资源敏感区潜在污染风险，采取了严格的"围堵、隔离、过滤、应急和外运处置"等综合防控措施，防止直接排入敏感水体。施工区域全面采用"雨污分离处理、过滤沉淀、废泥渣外运相结合的方式"，严禁一滴施工污废水外排。拌和楼施工污水经三级沉淀池后通过管道汇入集水池第四次收集沉淀后回用于拌和楼生产。预制梁场全面推广应用智能喷淋养护和雨水循环利用技术，进出施工区车辆全面冲洗，施工用水循环利用，提高水资源的循环利用效率，在全线混凝土拌和站、预制梁场等作业区共配置22台洒水车、16套冲洗设备、30套污水处理系统、17套砂石分离器、46个泥浆池、42个沉淀池，真正做到泥浆不外漏、不直排，将外排水体污染风险降低到"零"。

（1）拌和楼污水防治

严格执行绿色公路实施方案，该项目拌和楼污水处理设施由淳安千岛湖环保技术有限公司进行专项设计并完成施工，根据现场实际情况采用"雨污分离处理方式"。生产废水和冲洗废水经过统一收集沉淀后回用于生产，厂区外雨水经过滤后外排。

①拌和楼施工污水经三级沉淀池后通过管道汇入集水池，经第四次收集沉淀后回用于拌和楼生产，集水池配备自动抽水装置，实现自动化操作（图7-25、图7-26）。

图7-25 三级沉淀池

图7-26 最后一级污水处理池

②拌和楼厂区外雨水经过滤后外排,已修建雨水排水沟及过滤池(图7-27、图7-28)。

图7-27 雨水排水沟

图7-28 雨水过滤池

③在拌和楼厂区内修建洗车池,用于混凝土罐车等工程车辆清洗(图7-29)。

图7-29 拌和楼洗车池

④在拌和楼及金峰三号隧道出入口设置"自动洗轮机",保证工程车辆干净整洁,从根本上避免对千威线路面造成污染(图7-30)。

图7-30 施工现场出入口自动洗车池

⑤为减轻扬尘,保护生态环境,项目部积极重视施工现场绿化(图7-31)。

图7-31 拌和楼施工现场绿化

（2）预制场污水防治

①预制场场区内坡面喷混处理（图7-32）。

图7-32 预制场坡面喷混处理

②预制场施工污水经三级沉淀池沉淀后回用于生产（图7-33）。

图7-33 预制场三级沉淀池

③预制场场地、便道均硬化处理，班前班后及时清扫冲洗，无扬尘（图7-34）。

图7-34 预制场便道

(3)停车区污水防治

①金峰停车区出入口修建洗车池,土石方车辆必须冲洗干净后方可出施工现场。冲洗车辆的污水经沉淀后循环利用,未外排(图7-35)。

图7-35 金峰停车区洗车池

②金峰停车区裸露的施工便道及时撒播草籽复绿,并使用防尘网进行苫盖(图7-36)。

图7-36 金峰停车区裸露的施工便道撒播草籽复绿并苫盖防尘网

(4)桥梁施工污水防治

①金峰栈桥平台施工,为防治油污泄漏污染千岛湖水质,特使用"吸油绳"包围住平台,来吸取泄漏的油污并形成泄漏物的强大屏障(图7-37)。

图7-37 大桥吸油绳

金峰大桥、百照大桥等跨越千岛湖，施工中严控泥浆外溢污染水资源，为保护千岛湖水资源，桩基施工采用两种施工工艺：人工挖孔桩和冲击钻机方式。a.人工挖孔施工不产生泥浆，挖孔桩产生的渣土及时运至临时堆土场，对周边环境产生影响较小；b.冲击钻机施工为防止泥浆污染，钻孔时，采用泥浆循环系统，桩基周边挖临时泥浆池，利用泥浆泵达到泥浆的循环利用，废弃泥浆统一收集后由专用泥浆车运至百照大桥定点泥浆池，经晾晒后做统一处理，周边并做绿化处理，禁止将废弃泥浆排入地方城市管网，污染地方环境。

（5）隧道施工污水防治

采取以防为主的防排水设计，保持地下水的原始赋存状态。采取必要的环保措施，保证隧道施工对周边环境影响最小。进行施工实时监控量测，不断调整支护设计实际工况，使衬砌结构经济可靠。优化施工工序，保护环境，节约资源。

1）防排水设计

隧道防排水设计遵循"防、排、截、堵结合，因地制宜，综合治理"的原则。在隧洞两侧设置可更换透水管。边坡、仰坡坡顶的截水沟结合永久排水系统在洞口开挖前修建好，在边坡坡面上做截水沟，使其出水口防止水顺坡面漫流；洞顶截水沟与路基边沟顺接成排水系统，防止污染，保护环境（图7-38）。

2）施工中污水处理

考虑到隧道施工过程钻爆喷砼作业、路面清理、混凝土养护等会产生一定的污水，要求隧道洞外设置专门的污水处理池，施工产生的废水在应经过沉淀、撇油后方能排放。

隧道涌水通过设截水管经由衬砌背后引出并导入蓄水池，避免和洞内施工污水汇合外排；隧道施工中产生的其他废水采用混凝沉淀法，首先将废水用隔油池隔油后沉砂，再利用絮凝剂对出水进行沉淀处理，再调pH后回收用于除尘洒水（图7-39）。

图 7-38 隧道防水板铺设

图 7-39 隧道出口污水沉淀处理

（6）生活场区污水防治

①民工宿舍均设置污水池、化粪池、食堂隔油池，生活污水在化粪池处理后排入污水池，厨房废水经隔油池处理后排入污水池，并设置一座20m³的厌氧池和20m²人工湿地处理，采用厌氧处理+人工湿地模式，充分利用地下人工介质中栖息的植物、微生物、植物根系，以及介质所具有的物理、化学特性，将污水净化（图7-40、图7-41）。

图7-40 民工宿舍厌氧处理+人工湿地　　　　图7-41 隔油池

②生活垃圾地点堆放，统一由垃圾车清运处理，严禁乱丢乱弃，民工宿舍干净整洁（图7-42、图7-43）。

图7-42 民工宿舍　　　　图7-43 生活垃圾定点处理

2. 运营期水环境安全保障

千黄高速地处水环境敏感地带，路基路面汇水不能直接排放进入千岛湖库区，考虑到分别建设危化品运输事故泄漏物或事故水收集系统与路桥面雨水径流收集系统的工程可行性，结合环评报告要求，该项目临湖路段拟采用应急蓄纳设施与路桥面径流处理设施并联的方式，通过在两套设施之间设置的转换装置实现事故水与常规雨水径流的分别处置，最大程度地避免对湖区环境造成污染。

为确保排水顺畅，保护千岛湖水环境安全，施工图对全线进行专项排水设计。路面雨水与边坡雨水分开收集，路面雨水经收集后进入路面径流处理系统，径流处理系统由沉砂缓冲池、路面径流处理池（应急暂存池）和隔油沉淀池组成。除临湖段路基进行路面水收集，桥梁设置桥面雨水收集系统，避免桥面雨水直接排入水库中（图7-44）。

图7-44 路面排水与边坡排水分离现场照片

正常运行时，路面降雨径流汇水产生的初期雨水首先通过沉砂缓冲池截留路面径流中的泥沙、碎石等大颗粒物质，以保障收集管道等后续设施不发生堵塞，在日常运行维护过程中应定期清理沉淀杂质。经沉砂缓冲池处理后的废水进入路面径流处理池（应急暂存池），路面径流处理池设有阀门，正常情况下，阀门打开，进入路面径流池的雨水随后进入隔油沉淀池，经隔油沉淀后的雨水排入周边沟渠。

发生环境风险事故时，事故应急处理废水通过收集进入路面径流处理池（应急暂存池），其阀门关闭，事故废水暂存于路面径流处理池（应急暂存池）内，暂存池的环境事故废水再委托有资质单位运走处理，保证不会进入周围地表水环境。同时应安排人员对池体进行清理，清洗废水需与事故废水一并进行委托处理。池体容积按照初期雨水和事故废水的较大值考虑，最小不得小于$50m^3$。

（1）水环境安全保障技术示范工程

针对运营期水环境安全保障和危化品运输事故风险防范，项目采取了全线路、桥面径流收集和应急处置，全线布设161处径流收集池，实现对路域径流的封闭式收集。

1）起点—K22+335、K24+000—终点，路桥面径流收集方案

该路段地处水环境敏感地带，路基路面汇水不能直接排放进入千岛湖库区，路桥面雨水径流采用径流处理系统处理后排放，路面径流处理系统由沉砂缓冲池、路面径流处理池和隔油沉淀池组成。

视水体敏感程度，对路桥面径流初期雨水采取多级串联组合控制措施进行处理，处理工艺可选择排水沥青路面、生态边沟、沉淀池、人工湿地系统、土壤渗滤系统等进行组合。

排水沥青路面+生态边沟+沉淀池+人工湿地系统（土壤渗滤系统）适用于水体极为敏感路段的路桥面初期雨水径流污染控制，其工艺流程如图7-45所示。

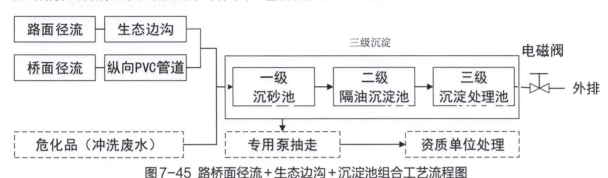

图7-45 路桥面径流+生态边沟+沉淀池组合工艺流程图

2) K22+335—K24+000，金峰停车区桥面径流收集方案

该路段主线跨越千岛湖汇水区域，由金峰大桥、金峰停车区组成，金峰停车区是全线仅有的一处停车区，该区段车流较大，是水环境极度敏感地带。

根据环评要求路基路面汇水不能直接排放进入千岛湖库区，施工期合理处置施工生产、生活废水；严禁含油废水、施工泥浆水和施工机械冲洗等废水排入敏感水体；营运期服务配套设施生活污水经处理后回用，精致外排（图7-46）。

图7-46 路桥面径流收集池现场照片

该路段采用桥面径流监测系统，对收集的路桥面径流进行实时监测预警，收集处理池利用应急蓄纳设施与路桥面径流处理设施采取并联方式，通过在两套设施之间设置的电磁三通阀门转换装置实现事故水与非事故雨水径流的分别处置。其工艺流程如图7-47所示。

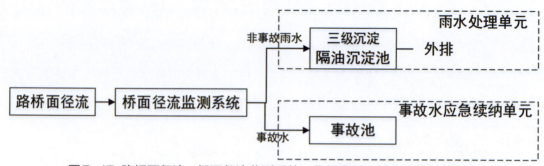

图7-47 路桥面径流+桥面径流监测系统+收集续纳设施组合工艺流程图

3）水环境风险监测预警系统组成

水环境风险监测预警系统前端径流处理监控子系统和预警系统软件两部分组成。其中，危化品运输车辆视频监视子系统采用高清视频监控摄像机对金峰停车区大桥段的危化品运输车辆运行状态进行监控，并将异常情况反馈给高速公路监控系统；前端径流处理监控子系统通过各监测站的前端传感器对径流收集管中的混合液体进行在线监测，水质指标发生异常时自动触发事故阀与雨水阀之间的转换功能，并将监测数据上报应急响应指挥中心；应急响应指挥中心汇总危化品运输车辆视频监视结果和前端径流取样监测结果，对危化品污染做出预警和应急响应，向前端监控子系统发出控制命令，远程操控启动事故雨水径流收集装置（图7-48）。

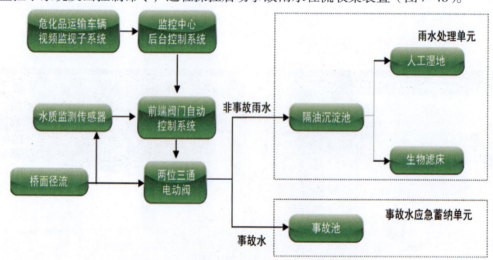

图7-48 水环境风险监测预警系统工作原理图

项目全线布设161处径流收集装置，实现了公路路域径流的封闭式收集和自动化控制，水环境安全保障示范工程投入近3000万余，有效保障了千黄高速的水环境安全。

（2）雨污水处置与循环利用

应用污水处理回用技术和雨水收集利用技术对水资源进行循环利用，对生活垃圾分类收集处理，达到无害化、减量化、资源化。对于有条件污水纳管的停车区的污水直接接入市政污水管网，对于不具备纳管条件的站点，应用污水处理中水回用技术提高水资源的利用减少对外环境的影响。各站点对屋面雨水进行收集提供场地绿化浇灌（表7-2）。

表7-2 环保设施设计技术要点

类别	技术要点	说明	备注
水资源节约循环利用	污水处理回用技术	设置雨污水分流的排水系统，实现雨污分流和中水回用。应用污水处理工艺，实现生活污水资源化	各站点
	雨水收集利用技术	主要包括屋面雨水收集系统、地面雨水径流收集系统、中水回用技术等	各站点
	节水系统	节水卫生器具使用	各站点
		节水灌溉方式	
		节水设备应用	
生活垃圾分类收集处理		废弃物分类收集处理，粪便、餐厨垃圾进行厌氧发酵堆肥处理，资源化利用	各站点

3. 全路域旅游景观资源保护

（1）基于融合度的景观设计理念

项目工程位于浙江省杭州市淳安县内，贯穿连接着"杭州西湖—千岛湖—黄山"3个5A级国家风景名胜区，途径千岛湖风景名胜区、进贤湾旅游度假区，部分路段K0+000—K2+100、K10+200—K15+000和CK22+800—CK49+800段，位于富春江—新安江风景名胜区保护区范围内，其他路段位于风景名胜区外围保护地带，沿线区域森林景观、水域景观资源丰富，景观资源极其丰富。为了建设高品质的黄金旅游线路，保护沿线旅游资源，让公路覆盖着的地区能保持景观的连贯性，创造精炼流畅的公路景观，需最大限度融合公路景观与周围自然环境景观。项目建设过程中开展了"千黄高速基于融合度的公路景观设计技术"专项研究。

（2）景观与环境保护设计

道路景观设计是建立在一种动态的基础上，以道路交通为主体的绿化设计。设计时不但要注意总体效果，充分考虑动态条件下司乘人员的视觉效果、心理反应；而且要保证不同路段的行车视距要求，保证行车安全。在绿化设计的总体布局上，应做到不见裸土，大面积以绿色植物覆盖。植物品种的选择应与道路周边环境相协调，以易养护的乡土树种为主，在种植上因根据不同区域采用不同形式，使景与植物有机结合，达到物景交融。

项目连接杭州、千岛湖和黄山3个5A级风景名胜区，沿途风光秀美、山峦起伏、河水蜿蜒，行驶在该项目路上，犹如置身黄山—千岛湖景区内。项目贯彻"绿色公路""美丽公路""旅游公路"的理念，以路为景、以景入境，在土建施工图的基础上开展绿化景观专项设计，为秀美风景区增光添彩。

本次绿化景观设计主题为：山水之间。

①公路绿化景观。中分带以"满足防眩、四季常绿、层次丰富、节奏感强、便于管养"为设计指导,为确保防眩效果,拟采用防眩实际运用效果较好的常绿灌木桧柏、红叶石楠为骨干防眩树种。为打破中分带植物景观的单调性,在满足防眩功能的前提下,多选用色叶、开花植物,兼顾植物组合的叶色花色的视效多样性。拟采用紫薇、木槿、金森女贞、红花继木等作为中分带景观植物。

上下边坡在土建绿化防护工程完成的前提下,在有条件的护坡道及碎落台位置,遵循上垂下爬的原则,设计夹竹桃、木芙蓉、木槿、四季桂、云南黄馨、爬山虎、凌霄等观花观叶植物,丰富道路沿线景观,同时对边坡开挖面起到一定的景观遮挡作用。

在距离停车区、互通等重要节点的路段,加强中分带及上下边坡平台位置处绿化,在原有绿化的基础上,增加种植密度、增加景观树种,拟采用主要树种:夹竹桃、鸡爪槭、银杏、桂花、红叶石楠、迎春、木芙蓉、凤尾兰、蜡梅等。

②互通区绿化景观。互通区景观绿化是高速公路景观绿化设计的重点,也是整个项目景观绿化设计的点睛之笔。该项目的互通区景观绿化根据各互通区所在区域的自然环境、地形地貌、风土人情的特点,通过"地形塑造+植被栽植"等设计手法加以展现,从而使互通立交景观与周围的自然环境、人文环境融为一体。

为营造与周边环境高度融合的互通景象,并有效提高行车的安全系数,将有条件的匝道边坡放缓,并与环内地形地势顺畅衔接,再通过微地形的塑造营造路景相融的景观效果,并确保排水顺畅。

互通区植物选用周围环境中广泛分布的乡土植物和经过长期驯化已适应本地气候的适生植物,且在市场上可大批量购买获得,如毛竹、马尾松、杉木、木荷、枫香、水杉、银杏、合欢、杜英、女贞、栾树、苦楝、合欢等,通过分析行车方向的视觉变换特点,进行大尺度单元的自然式丛植,以营造视效舒适、路景一体的互通区行车环境。在视觉焦点处适当点缀栽植鸡爪槭、红枫、桂花、山茶、碧桃、紫叶李、日本晚樱等叶色亮丽、花色丰富的花灌木。

(3)景观一体化钢背木护栏设置

千黄高速将杭州西湖、千岛湖、安徽黄山等国际黄金旅游线通过高速公路串联起来,属于典型的旅游公路。普通公路通常使用混凝土护栏、波形梁护栏等普通结构形式防护设施,这些常见的公路防护设施在设计时考虑到的主要功能是起到良好的防护效果,或是便于施工或是便于养护,但都没有考虑与周围景观相协调的因素。在风景如画、自然和谐的景色中插入生硬死板的传统公路防护设施是对自然施加的破坏,造成游客的视觉污染。友好的景区公路防护设施应是能够与周边景区协调一致,甚至能够作为景区公路的自然点缀,提升景观特色和旅游服务质量。

为提升旅游公路服务品质,结合千黄高速路侧景观特点,在对路侧景观有较高要求的临水临山近景路段以及服务区、观景台等临时停靠点设置钢背木护栏。

钢背木景观护栏目前已在新疆喀纳斯禾木景区公路和重庆武隆白马山旅游公路示范应用。钢背木景观护栏不仅满足景区公路和旅游公路安全可靠和美观舒适的需求，还为景区增添一道独特的美丽色彩，成为该地旅游资源的重要组成部分（图7-49）。

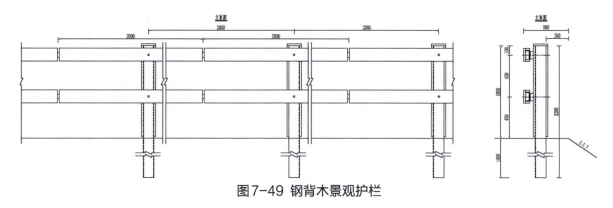

图7-49 钢背木景观护栏

钢背木景观护栏的主要特点共有3点：一是具有全方位的景观效果；二是能够达到我国护栏防撞等级中的A级——碰撞能量160kJ；三是具有较高的原木使用率，最高可达95%。

（4）绿篱隔离栅

刺篱笆具有防护效果好、造价低廉、取材方便、防护期长及景观效果好等优点，被广泛应用于庭院、果园、菜地、牧场围栏。高速公路采用生物隔离，具有良好的禁入功能和美化路容、改善生态环境条件的优点，并且造价低、防护期长。其主要技术要点为：采用乡土或适应当地环境条件的刺篱植物，种植在高速公路需要封闭的地带，以取代传统金属隔离栅，起生物隔离作用。刺篱植物分枝密集构成防止人和动物通行的空间障碍，枝干上刺的密集度及硬度构成防止人和动物穿过的威慑能力，刺篱带的宽度及高度构成防止人和动物跨越能力。

千黄高速地处侵蚀剥蚀低山丘陵区，受千岛湖水面的制约，地形较为破碎，公路绝大部分路段路线所经地带为人为活动干扰较少的区域，采用绿篱隔离栅替代传统金属隔离栅的环境条件较为适宜。示范工程拟选择马甲子、火棘作为绿篱隔离栅建设的植物物种，双排品字形栽植，株行距20cm×25cm，每米栽种10株。在靠近边坡内侧的一排，每隔10m以一株火棘代替一株马甲子，其配置示意图如图7-50所示。

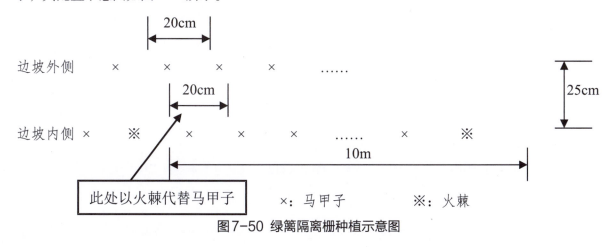

图7-50 绿篱隔离栅种植示意图

绿篱隔离栅技术应用示范的路段为千黄高速临近景区路段沿线人为活动干扰较少的深挖方路段。

（五）取得成效

该项目充分落实了绿色选线的理念选线，结合了千黄高速公路工程特点、技术需求和地方经济发展需求以及千岛湖湖区地形、地貌、地质和旅游等因素，从全寿命周期角度考虑，贯穿生态选线、环保选线的理念，避让水环境敏感区、国家森林公园和人口密集居住区，贯彻"近水不进水""不破坏就是最大的保护"理念，最大程度上实现了沿线水环境、生态植被免破坏以及最大限度保护了土地资源。

通过科学合理的平纵线形指标选择，提高了车辆通行效率，降低了长大下坡和长大上坡的运营安全风险和车辆能源消耗。

通过开展隧道弃渣综合循环利用、表土资源循环利用、施工期永临结合等设计，实现资源循环与集约利用，一方面显著节约公路建设用地和石料等成本，直接节约建设工程投资额；另一方面也减少了施工废土、废渣的排放，产生了良好的资源节约环保效益。

千黄高速公路通过创建示范项目，共同打造绿色公路和旅游公路，在保证质量安全等基本要求的前提下，通过科学管理和技术进步，最大限度地节约资源和减少对环境负面影响，以综合效益最优化为目标，实现"节材、节水、节能、节地"和"水环境保护和生态植被保护"（"四节二保"）的总体目标要求，实现了经济效益、社会效益和环境效益的高度统一。

总之，该示范工程创建项目一直得到省厅和杭州交投高度重视、关注和大力支持，通过建设单位、设计单位、施工单位和技术咨询单位的全力全策、共同努力，基本实现了以下目标。

1. 心里绿

成功创建绿色千黄路。即从全线走廊线位开展生态选线、环保选线、地质选线，实现心里绿。

2. 水　绿

成功保住一湖秀水，护住绿水青山。即在规划设计阶段，践行不破坏就是最大的保护理念，近水不进水，绕避开水环境敏感区，不破坏不侵袭沿线水资源；在施工阶段污废水、废渣和废气全部开展零外排、零污染管控措施；运营阶段在全国首次实施全线路（桥）面径流100%收集、100%处理、100%防控的措施。最终100%保护住国家二级饮用水源保护区这一全国人民的"宝贵水缸"。

3. 山　绿

沿线国家森林公园重要植被、原生大树和乡土植被面破坏、免侵袭，100%保护。

4. 节　地

在三山六水一分田的千岛湖区域，通过优化设计，一是减免土地资源占用，二是最大化高效占用和利用。该项措施的实施节约千岛湖核心区土地资源20多亩。

5. 节　能

在全线单洞超过25km长的有27座隧道，全部采用隧道LED绿色节能照明灯具，集成应用节能管控技术措施，与传统高压钠灯相比较，每年可节约隧道照明用电512万度，折合标准煤达1700t。

6. 提升安全品质

针对高速公路隧道群路段开展隧道LED照明光环境一体化设计、相邻隧道进出口联动调光控制、面向视觉安全的光环境色温和亮度双指标控制技术。一方面通过对隧道进出口光环境色温调节，提高驾驶员视觉通透性，缓解进口"黑洞效应"和出口"白洞效应"安全行车风险；另一方面通过对隧道中间段光环境色温调节，可抑制特长隧道中间段驾驶员视觉疲劳，提高视觉警醒作用和行车安全。亮度联动设计和调节可节约运营期大规模隧道照明灯具的能耗。

7. 资源节约与循环利用

大规模隧道挖掘施工弃渣采用"逐级筛选"循环利用，优质碎石用于隧道衬砌混凝土骨料，次级碎石用于挡墙砌块、软基换填等用途，其余残渣尽可能采用纵向调配，用于路基填筑和城镇化用地填埋材料，进行循环利用，少弃方500多万 m^3。智能喷淋系统实现养护用水的循环回收再利用，一是避免养护水外排污染；二是节约大量宝贵水资源占用。

8. 营造"车在路上走，人在画中游"的高品质服务

千黄高速公路连接着"杭州西湖—千岛湖—黄山"3个5A级国家风景名胜区，途径千岛湖风景名胜区、进贤湾旅游度假区。项目基于融合度的景观设计理念，开展路域旅游景观保护、观景台创建以及旅游指引设施专项设计，营造"车在路上走，人在画中游"高品质驾驶感受。

三、江西广吉高速绿色公路

（一）项目概况

沈海高速公路莆田至炎陵联络线广昌至吉安段（以下简称"广吉高速"）是国家公路网沈海高速第七条联络线福建莆田至湖南炎陵（G1517）中的一段，也是江西高速公路网"四纵六横八射"主骨架中第三横的中段。

广吉高速公路途径抚州、赣州、吉安3市的6个县区，路线总长189.276km，由广吉主线和吉安支线组成。主线起点在广昌南枢纽与船广高速对接，途径抚州市广昌县、赣州市宁都县和吉安市的永丰县、吉水县、青原区、泰和县，终点在泰和北枢纽与石吉高速相连，全长156.085km；吉安支线以青原枢纽为起点，终于吉水枢纽与抚吉高速相连，全长33.191km。广吉高速全线路基土石方4128万 m^3；设桥梁158座，总长35159延米，桥梁比为18.7%；设枢纽互通4个、互通立交11个、服务区3个和停车区1个。

（二）项目特点

广吉高速公路地处江南过湿区，地貌单元复杂，沿线有赣中红砂岩丘陵岗地地形、零山山地地形、吉泰盆地地形，夏季高温多雨，冬季寒冷少雨，极易形成区域性气候，雨、雾天数量较多，跨水体较多较大。道路沿线红纱岩分布广泛，途经多处居民区和河流，空气、水、声环境敏感点多。

从莲乡广昌，到红色故土宁都，再到庐陵文化的发源地吉安，广吉高速公路就像一条彩带，把赣南的罗霄山脉和富饶的吉泰平原紧紧连在了一起，途经区域自然环境优美、生态环境良好，赣江、梅江、盱江流经该区域，"绿色、红色、古色"旅游资源丰富。沿线有青原山、翠微峰、百里莲花带等风景名胜，有革命摇篮井冈山、"宁都起义"指挥部旧址等红色胜地（图7-51），还有钓源古村、渼陂古村、梅冈古村、杨依古村、欧阳修纪念馆、宋代雁塔等人文古迹。井冈精神、苏区精神发源于此，庐陵文化、客家文化、茶文化在这里交相辉映。

图7-51 项目区域红色资源景观

（三）建设理念及总体架构

1. 建设理念

该项目按照国家、交通运输行业和江西省相关建设要求，深入贯彻"绿色公路"设计理念，全面落实交通运输部绿色公路建设指导意见和建设要求，秉持"智慧创新、绿色品质、独运匠心、追求卓越"的建设理念，将广吉高速公路打造成一条绿色路、品质路、科技路，成为绿色公路建设典型示范工程的"江西样板"。

2. 建设思路

广吉高速绿色公路建设根据项目实际及地域、气候特点，有针对性采取方式和措施，因地制宜、量体裁衣，探索在江西如何实现"绿色公路"。为实现广吉高速"绿色公路"建设目标，以绿为魂、以质为核，通过高起点的谋划布局、高境界的理念优化设计、高品质的标准规范施工、高层次的生态环境保护和全方位的参与创新驱动来建设广吉高速公路，全面提升建设水平（图7-25）。

第七章 典型示范

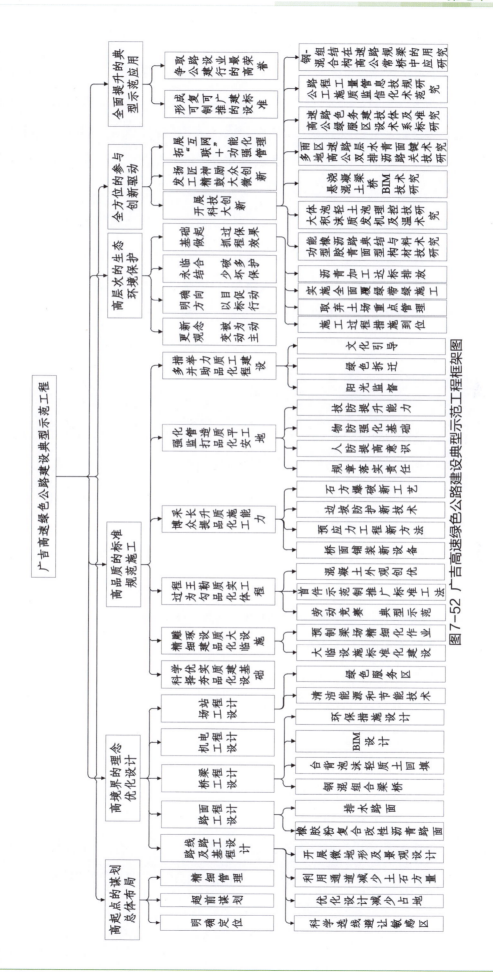

图7-52 广吉高速绿色公路建设典型示范工程框架图

3. 目标任务

广吉高速绿色公路的建设目标为"齐心琢精细，诚心育精英，恒心树精品"。通过绿色公路建设的示范应用与集成创新，促进科技成果转化与应用，提升公路建设管理水平，建成一条绿色路、品质路、科技路，争创国家级交通优质工程；探索适合江西省情的绿色公路评估体系和建设指南，形成一套可复制、可推广的绿色公路建设经验，打造绿色公路建设典型示范工程的"江西样板"。

（四）绿色公路主要经验及做法

绿色公路建设应该根据项目实际情况及地域、气候特点，有针对性采取方式和措施，因地制宜、量体裁衣，探索在江西如何实现"绿色公路"。为实现"绿色公路"，项目办从高起点的谋划布局、高境界的工程设计、高品质的标准施工及高层次的环境保护入手，通过全方位的创新驱动来建设广吉高速公路，全面提升建设水平。

1. 高起点的谋划总体布局

（1）明确定位

按照绿色公路建设的战略部署及生态文明试验区的总体要求，结合项目特点，对项目建设进行综合统筹，总体规划，科学定位，用于指导贯彻项目建设全过程，争创国家级公路交通优质工程。

项目愿景：广崇明德，吉铸典范。

指导思想：牢固树立五大发展理念，贯彻落实绿色公路建设，努力打造生态文明示范公路，实现公路建设健康可持续发展。

建设理念：智慧创新，绿色品质，匠心独运，追求卓越。

建设目标：齐心琢精细，诚心育精英，恒心树精品。

（2）超前谋划

广吉高速公路立项设计之初就紧扣"绿色""品质"的内涵，未雨绸缪，提前布局，做好顶层设计。

一是多方调研绿色公路建设的成功经验，既学习江西省以往项目，也"走出去"学习其他省份好的做法，为广吉项目实施"绿色公路"进行超前谋划；二是要求设计单位在工程设计中贯彻落实"绿色公路"理念，优化和完善设计；三是向部规划研究院、部公路科研院、东南大学及武汉理工大学等大院大所进行专题咨询，精心编制了《广吉高速公路项目绿色公路建设典型示范工程实施方案》并报省交通运输厅批准，全面指导项目践行绿色公路建设理念。

（3）精细管理

项目办总结、借鉴省内外高速公路项目的先进经验，结合项目特点编制完成项目管理的纲领性文件——"一纲五册"，分别是：《项目管理大纲》《安全管理手册》《质量管理手册》《廉政工作手册》《标准化管理实施手册》及《绿色公路建设实践手册》，系统阐明项目的管理理念、体系、制度和流程，细化建设绿色公路的管理细节，为实现绿色公路和品质工程奠定了坚实基础（图7-53）。

图7-53 一纲五册

2. 高境界的理念优化设计

设计单位在工程设计中更新设计理念，贯彻落实"绿色公路"理念，在设计中综合考虑资源利用、生态环保、周期成本等因素，优化和完善设计。

（1）路线及路基工程设计

一是科学选线和生态环保设计，避让农田，少占耕地，绕行风景区、湿地保护区和环境敏感点；二是运用零弃方构想，优化路线、线型和路基横断面设计，避免大开大挖；三是根据地形特点，在边坡开展微地形及景观设计，使道路与周边自然和谐统一，最大化地利用沿线自然资源进行景观设计。

通过初步设计、施工图设计这两个阶段的设计优化，项目永久性用地由21289亩减少至19689亩，减少了1600亩；其中耕地由5015亩减少至4651亩，减少了364亩；未占用基本农田。土石方量由4252万m^3减少至3981万m^3，减少了271万m^3，同时取消了3座浅埋偏压隧道。全线绕避或基本绕避了铀矿、稀土矿等矿区或矿产地15处，宁都梅江国家湿地公园、青原山省级森林公园等生态敏感区4处，抚河源头水（盱江）保护区等水源保护区或取水口15处。

(2) 路面工程设计

1) 橡胶粉复合改性沥青路面

K1—K70段沥青路面的面层结构设计采用4cm橡胶粉复合改性沥青上面层（RAC-13C）+6cm橡胶粉复合改性沥青下面层（RAC-20C），即综合利用废旧轮胎等工业废料，又提高路面的全寿命周期成本。

2) 排水路面

K136—K155、吉安支线（JK0—JK33）段沥青路面的面层结构设计采用4cm排水沥青上面层（PAC-13）+6cm SBS改性沥青下面层（AC-20C），提高行车的安全性和舒适性。

(3) 桥梁工程设计

1) 钢混组合结构梁桥

宁都北枢纽互通的3座跨线桥上部结构采用跨径20m+30m+30m+20m的钢-混凝土组合梁，发挥钢结构在全寿命周期成本方面的比较优势，同时降低养护成本（图7-54）。

图7-54 钢混组合结构梁桥

2) 泡沫轻质土

尝试在桥台台背采用泡沫轻质土回填，减少桥台跳车的质量隐患，提高车辆通行的安全性。

3) BIM技术

赣江特大桥的主跨采用悬臂浇筑预应力砼连续箱梁，跨径63m+110m+110m+63m，在设计阶段采用BIM技术进行优化和完善设计；并在施工阶段结合挂篮施工和施工监控，运用BIM技术对施工进行指导（图7-55）。

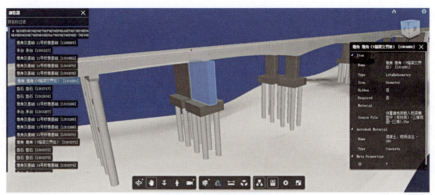

图7-55 BIM技术

（4）场站工程设计

1）清洁能源和节能技术

在服务区和收费所站推广光伏发电、太阳能车棚、充电桩、LED灯具、智能照明等清洁能源和节能技术。

2）绿色服务区

按照"绿色建筑"、清洁能源及节能技术等行业技术标准，结合江西高速公路服务区以往成功经验，将泰和北服务区打造成"绿色服务区"（图7-56）。

图7-56 泰和北服务区

3）光伏发电站

利用互通立交或枢纽互通的闲置用地和收费站的屋顶，建设光伏发电站，设计容量大于5MW（图7-57）。

图7-57 光伏发电站

（5）机电工程设计

全面贯彻"智慧交通"和"绿色公路"的设计理念，打造"智慧高速"。

1）智能化的进口道

进口道采用车牌识别设备和自动发卡设备，做到无人值守，取消收费岗亭，实现进口道的自动化和智能化。

2）智慧化的出口道

出口道采用多功能的"智慧岗亭"，提高机电系统的集成度，提高设备运行的稳定性，减少运营期设备维护的工作量，提高工作效率。

3）节能化的供电技术

一是远距离的外场监控设备供电方式采用光伏发电等清洁能源，同时减少供电损耗，节约能源；二是尝试"中压供电""直流供电"等节能技术，节约能耗，提高安全性。

3. 高品质的标准规范施工

（1）科学择优，夯实品质化建设基础

1）创新"择优"选择承包人

广吉项目主体工程施工招标的报价得分要求精确到小数点后2位，在报价得分相同的投标人中，根据投标人近3年的江西省信用评价得分由高到低进行第二次排名，因此近3年信用评价得分高者排名更靠前，中标概率大大增加。广吉项目主体工程施工共招标20个标段中，其中5个标段的第一中标候选人发生变化，第一中标候选人的近3年信用评价得分的平均分由78.19分上升至86.69分，中标价格略有下降。

2）合理划分施工标段

一是相较江西以往项目，广吉项目的主体工程施工标段划分更具规模，标段的平均招标限价达4亿元，通过合理划扩大标段规模，总体降低了施工企业管理成本，提高了中标单位的重视程度及资源投入；二是将房建工程纳入路面标段一并招标，克服了以往项目房建工程管理力量和建设时间不足的弊端，充分利用场站永久用地达到了节约土地资源的效果。

3）实行机电工程设计、施工、维护总承包

将该项目机电工程的施工图设计、工程施工、5年的系统维护工作一体化发包。一是保证了设计的合理性、可靠性及经济性；二是避免设计和施工需要再次的技术交底和联合设计，设计和施工直接结合，提高施工质量；三是减少日常运营维护工作量，保障机电系统长期、稳定运行，提高机电系统的运行效率。

（2）精雕细琢，建设品质化大临设施

1）大临设施标准化建设

工欲善其事，必先利其器，高标准的大临设施建设是我们的尖兵利器。在大临设施建设上，严格遵循《项目管理大纲》的要求，把临时性工程作为永久性工程打造，并进行对大临设施的检查评比工作，在减少自然破坏的同时，又保持实用、精致、美观。自开工以来，工地试验室、混凝土拌和站、钢筋加工场、预制梁场等大临设施的标准化建设使标准化理念深入人心，标准化建设成效显著。花园式院落、标准化场区，成为广吉高速公路项目一道亮丽的风景。

2）预制梁场精细化作业

从预应力工程入手，优化施工工艺，打造品质化预制梁场。在锚下预应力检测和压浆饱满度检测没有相关国家标准的情况下，通过邀请省外专家授课和切割实体梁段的方式，寻取总结预应力张拉和压浆的最优工艺。在梁场推行预制梁不锈钢模板和不锈钢底座，采用预应力索整体编束牵引工艺，引进张拉力检测设备检测锚下张拉力，推广单根循环的预应力孔道压浆工艺并对其进行检测，封锚采用立模浇筑砼等。

（3）过程为王，勾勒品质化实体工程

1）以劳动竞赛为切入点，推动典型引路全面创优

一是落实管理目标风险金制度。建设方出资合同价的1%，施工方出资0.5%，共同设立风险金，总额为10617万元。风险金通过阶段和双月考核评比、专项劳动竞赛及缺陷责任期工作完成情况的结果进行兑现。监理单位也实行风险金制度，建设方和监理单位各出合同价的0.3%和0.2%，总额为610万元。根据监理单位的工作质量和所监理施工单位的考评成绩，兑现风险金。

二是坚持开展劳动竞赛活动。通过发掘劳动竞赛的深层意义，使劳动竞赛成为参建单位创建品牌、参建者建功立业的大舞台，许多参建单位以此为契机，查缺补遗，不断完善和超越自我，在广吉项目和行业中崭露头角。通过开展管理段观摩、全线观摩及首件观摩等多种观摩形式，形成"比学赶超"氛围，充分挖掘典型示范的作用，引导全线施工单位向品质工程迈进。

2）以首件示范制为关键点，全线推广标准工法

将工业化、工厂化模式引入广吉高速公路建设中来，形成"首件工程示范制"，出台首件制管理办法，所有分项工程按"以工程保分项、以分项保分部、以分部保单位、以单位保总体"的质量创优保障原则，施工方案经项目办、监理、施工单位共同评审选定最优方案，形成首件工程实施方案及总结；在全线实施该方案并及时总结，将达标的首件工程作为实体示范工程，选取最优质量管理手段、工艺工法，形成标准工法和总结，在全线分项工程中推广；在推广过

程中加强后续工序控制,实现"超前控制,做好首件,典型示范,带动全面"的目标。广吉高速公路项目共45个首件工程,目前已完成29项首件工程的方案评审,下发了29项全线施工的统一标准,完成了10余项首件实体总结,其中,已检桩基Ⅰ类桩比例93.2%,证明首件工程示范制成效显著。

3）以混凝土外观为突破点,精心打造品质工程

将品质理念贯彻到项目建设,集成以往项目成功做法,结合项目特点,总结形成《混凝土外观创优实施细则》《边坡创优实施细则》,从制度观念上带动全线开展质量创优工作（图7-58）。

在"混凝土外观质量分级评定办法""边坡质量评级"基础上,构建集经理部、现场监督小组、工区负责人和施工班组长为一体的评优机制,在第一时间进行等级评价,及时总结,兑现奖惩,通过经济手段和物质奖励达到激励作用,选取典型,发挥引领,使外观创优直抵人心。最后,选取全线10项共40余处列为精品示范工程,从施工方案制定到评审,从技术交底到现场施工,从实施完成到成品保护,都优中选优,实施完成后从进度、质量、安全、外观、成品保护、标准化施工、文明施工和科技创新8个方面进行竞赛考核,进一步达到示范引领的目的,建设有质量、有形象的品质工程。

图7-58 混凝土外观创优

(4) 博采众长,提升品质化施工能力

1) 桥面铺装新设备

在桥面铺装施工中引进"悬挂式桁架分体辊轴激光摊铺机"设备,提高桥面铺装的施工效率和质量。原桥面铺装施工需要振动梁、提浆辊和找平3道工序需17人,新设备将摊铺、振捣、找平合成1道工艺,仅需7人；新设备靠前轴来频繁击打和挤压混凝土,后轴前后反复运动和旋转,保证混凝土密实度和强度；设备整体刚度高,不易变形,保证铺装混凝土的平整度；新工艺设备具有调节功能,适应性强,可以循环利用3个项目以上,实现资源利用最大化。相对于传统桥面施工工艺,新设备、新工艺优势明显（图7-59）。

图7-59 桥面铺装

2）预应力工程新方法

一是在桥梁预制梁引进了"桥梁后张预应力筋伸长量及回缩量量测方法"工艺，精准计算和有效控制张拉力。通过安装带测量标尺的专用夹具，采用标尺测量法，统一记录和计算表格，规范预应力筋回缩量（含锚具变形）测量及计算方法，保证预应力张拉的精准控制。

二是在预应力张拉检测中引进"张拉应力检测仪"设备及技术，完善检测内容，确保张拉质量。

3）边坡防护新技术

引进三联边坡生态防护技术，替代了部分框格锚杆的工程防护设计，更好地实现环境保护和工程防护的协调统一。三联生态防护技术是针对边坡生态防护和修复的技术难点，形成的一项集安全防护与生态修复为一体的坡面生态防护技术，由物理防护、抗蚀防护和植被生态修复防护三重措施联合（"三联"）防护边坡。第一联物理防护是固网锚杆加镀锌机编金属网组成，第二联抗蚀防护是采用专有生物黏结配方材料合理配比后构成，第三联植被生态防护是通过生境系统构建、植物群落系统构建和物质循环系统构建，形成的自维持、自循环的完整植被生态系统。

4）石方爆破新工艺

在石方爆破施工时采用"水压爆破"的工艺，提高施工水平，达到"节能环保"目的。"水压爆破"就是往炮孔中一定位置注入一定量的水，最后用炮泥回填堵塞炮孔。利用水的不可压缩的特征，用水进行径向耦合和体积耦合，无损失地传递爆炸能量，有利于围岩的破碎，降低炸药消耗；由于在水中传播的冲击波对水不可压缩，爆炸能量无损失的经过水传递到炮眼围岩中，这种无能量损失的应力波十分有利于岩石破碎，水在爆炸气体膨胀作用下产生的"水楔"效应有利于岩石进一步破碎；炮眼有水还可以起到雾化降尘作用，由于炮泥比土坚实，密度大，还含有一定的水分，抑制膨胀气体冲出炮眼口要比土好得多，而且大大降低灰尘对环境的污染。

（5）强化监管，打造品质化平安工地

1）"规章"落实责任

以"规章"为基础，落实企业主体责任，健全安全责任体系。制定《项目安全管理手册》，编制项目应急救援预案、"平安工地"创建实施方案等规章制度，完成项目总体风险评估等规划性方案和盖"系"梁施工、爆破作业、临时用电等管理办法。

2）"人防"提高意识

以"人防"为中心，提高安全防范意识，加强安全技能培训。创办安全体验馆，让一线工人在"游乐式"的环境中，体验安全防护用品使用及出现危险时瞬间的感受，增强施工现场的切身感受，使施工现场各种禁忌和安全隐患潜移默化地进入体验者的意识（图7-60）。开展《江西省交通建设一线作业人员岗前培训教材》"进工棚活动"，真真正正教育到每一个人，要把安全知识贯彻到每一个角落，把"要我安全"转变为"我要安全"，变"事后处理"为"事前预防"。

图7-60 安全体验馆

3）"物防"强化基础

以"物防"为根本，提高安全生产水平，打造标准化工地。做到投入到位、责任到位、整改到位的"三到位"。以"平安工地"创建，"安全生产大排查集中行动""施工安全专项整治""防范遏制重特大事故信息报送"等专项活动为抓手，改善现场施工环境，提高防护措施标准。对一时难以整改，或重大隐患实行挂牌督办，制定整改方案，做到隐患整改责任、措施、时限、资金、预案"五落实"。

4）"技防"提升能力

以"技防"为重点，提高安全防范技术措施，健全应急救援体系。探索新的安全管理模式，改进安全管理办法，提高安全生产防护措施和标准。推广泥浆池采用统一的装配式护栏；涵洞施工安装上下楼梯；预制梁场龙门吊用电采用触滑线，液压夹轨器，轨道采用专用轨道夹片；特大桥设立门禁监控系统；关键部位安装视频监控；同时，在氧气乙炔瓶运输车、T梁登高梯、张

拉安全防护台车等细节方面做了有益尝试。健全完善应急救援体系，组织开展应急演练，形成协调统一、上下联动，反应迅速，处置及时的应急工作机制。

（6）多措并举，助力品质化工程建设

1）阳光监督

清正廉洁是事业成功的保证，项目办一是明确责任主体，构建预防腐败的工作体系；二是完善规章制度，建立不能腐的长效机制；三是开展廉政教育，营造不想腐的良好氛围；四是强化执纪问责，形成不敢腐的强大震慑。

项目办纪委和宁都县纪委开展了共创"绿色公路·廉洁项目·和谐高速"活动。活动以"共享信息、共同预防、共创廉洁"为宗旨，以"诚信、廉洁、高效、共赢"为目标，以预防职务犯罪、共建廉洁项目为主体，着力构建共同参与、共同预防、共同监督和共同治理相结合的工作格局。为保障共创活动实效，双方纪委重点围绕信息共享、定期会商、互相监督、联合查处4个方面形成联动机制，通过深入宣传共创活动、定期交流工作情况、共同压实项目参建单位和沿线乡镇相关单位的主体责任、强化日常监管和责任追究等措施，搭建廉政共建平台，着力防范廉政风险，确保"工程优质、干部廉洁"。

2）绿色拆迁

征地拆迁，一边是群众的利益，一边是政策的'红线'，被人们形容为天下"第一难"。征拆拿什么让人民满意？广吉项目办是这样诠释这个问题：以人为本、绿色征拆。

一是"公开、公平、公正"争取群众支持。广吉高速整个征迁工作执行的是公开、公平、公正的拆迁政策，阳光操作、公开透明。依据江西省政府制定的《广昌至吉安高速公路等四个重点项目征地和房屋征收补偿及规费缴交标准的通知》和有关要求，项目办和地方各级政府严格落实补偿政策，确保各项补偿及时足额兑现。

二是"以人为本"解决百姓实际问题。在建设过程中，建设者们始终将修建高速公路与兴建新农村有机结合，力所能及地把施工的短期行为变为脱贫致富的长期战略规划。

3）文化引导

进一步加大绿色公路建设理念的宣传推广力度，发挥参建各方的主动性和积极性，使绿色公路和品质工程的理念深入人心。发挥理念、文化的感染力和引导力，实行学习教育积分制，采取讲座、互联网、手机APP、微信等多种载体或渠道的方式开展宣传，已举办各类讲座和座谈会10余次，参会人员500多人次，开展绿色公路建设摄影活动2期，征文活动1期，问卷调查1次，项目网站还开设了"绿色公路"及"微创新"专栏，让全体参建人员在"建设绿色路、品质路、示范路"的氛围中提高自身综合素质，增强创优的自觉性和自主性，将广崇明德、吉铸典范的理念内化于心、外化于行，为建设绿色、品质的广吉高速贡献力量。

4. 高层次的生态环境保护

为做到高层次的生态环境保护，项目办将广吉项目的环境保护工作放眼全省、甚至全国范围，思考如何将高速公路环保更好地与江西省生态文明试验区相结合，让工作更上一层楼。

（1）更新观念，变被动为主动

1）更新观念

将原来对环境保护和水土保持工作持有的满足于完成任务、保证项目竣工验收的被动应付观念，变成积极主动地邀请环境保护和水土保持行业的单位来共同参与"绿色公路"建设。

2）跨行业引进技术

根据项目建设需要，有针对性地引进市政工程建设、环境保护和水土保持行业的专业机构和先进技术，提升公路建设行业的环保和水保水平。

（2）明确方向，以目标促行动

广吉项目在环保水保工作方面确定了两个目标：一是争取环境保护行业的全国性荣誉或授牌；二是争取水利部的"国家水土保持生态文明工程"荣誉称号。通过主动接受更高层次的监督和检验，促使参建单位重视环保工作、狠抓施工环保，整体提升高速公路建设的环保意识和工作质量。

1）委托专业机构进行监测和监理

江西省环境保护科学研究院进行环境保护监理，监理内容包括：环境管理监理、施工期环境保护达标监理、环保设施监理、生态保护措施监理；江西省交通运输科学研究院对施工期进行环境监测；江西省水土保持科学研究院对施工期和缺陷责任期进行水土保持监测。

2）结合项目定期检查和考评落实工作要求

通过制订详细的实施方案，明确路线图、责任人和时间表，让参建单位了解和熟悉环保、水保工作要求；监理和监测单位每两个月提交一份监理和监测工作报告，指出存在问题，提出整改要求；项目办督促施工单位及时解决存在问题，在双月考评中检查施工单位环保、水保的执行情况并进行相应奖惩。

（3）永临结合，少破坏多保护

1）永临结合减少占地

将服务区、收费所站、互通暂时不用的永久用地提供给施工单位作为临时用地，这样既减少征用临时用地，又降低工程成本。全线28个预制梁场，有26个设置在主线范围内；C2标的砼拌和站、钢筋加工车间、小构预制厂及项目经理部设在新圩养护工区和新圩互通内；C4标在占地约55亩的原木材厂内，利用原有办公楼、钢筋棚及空地，进行项目经理部、砼拌和站、小构预制厂、钢筋加工场"四合一"建设。

2）综合利用规划用地

BP1标的1号黑白站的临时用地，按填挖平衡的原则填筑了约50万m^3的土石方，面积约130亩；B2标的项目经理部及砼拌和站的临时用地约21亩，小构预制场及钢筋加工车间约32亩，使用主线路基约6万m^3的弃方填筑而成。这三处土地，原本是永丰县上固乡政府规划的学校、新农村建设和物流中心的建设用地，施工单位撤场后，场站的临时用地归还给上固乡政府，乡政府可以利用已经完成"三通一平"和边坡绿化的土地进行基础设施建设，节省建设资金超过700万元。此举即贯彻了"绿色公路"理念，节约了土地资源，又以实际行动造福了当地百姓，助力脱贫攻坚。

（4）基础做起，抓过程保效果

1）施工过程措施到位

一是砼拌和站、水稳拌和站、沥青拌和站、路基土方施工工区配备全自动喷雾除尘机和洒水车，拌和场出入口必须设置洗车池，力争做到"无尘工地"；二是针对广吉高速多次跨越盱江、梅江、上固河、孤江、泷江、赣江的情况，跨河施工基本做到搭设钢便桥以减少河道淤塞，桩基施工的泥浆不准泄入河中，必须专车运走并专门处理；三是石方爆破方案专项审查，并尝试了"水压爆破"的绿色施工技术。

项目30多次跨越上固河，且有几个乡镇的饮用水取水口就处在上固河流域，项目在桩基施工期间开展上固河环境保护专项活动，在风险金中设立了奖金60万元用于鼓励参建单位重视上固河的环境保护工作，并专项投入300多万元用于改造和保护取水口相关设施，避免了因施工而影响沿线百姓的正常生活。

2）取（弃）土场重点管理

一是以施工单位为主、环保水保单位参与，对取（弃）土场的恢复进行专项设计，引导施工单位重视相关工作；二是在项目管理风险金中设立取（弃）土场恢复的专项，督促施工单位保质保量完成取（弃）土场的恢复；三是取（弃）土场恢复按首件工程示范来确定恢复标准，然后全线标准化推广。

3）路基边坡带绿施工

一是在路基标段划分时，明确路基上下边坡的绿化工程由路基标段负责施工；二是在路基土石方施工时，项目办要求承包人同步完成绿化工程，挖方边坡做到"开挖一级、绿化一级、防护一级"，填方边坡在路基成型后即刻施工防护和绿化，设置在主线的预制梁场应在梁场建设期就完成相应路段的绿化，保证全线做到"带绿施工"；三是坚持在边坡施工过程做到过渡圆顺与原有山体自然相接，尽量做到自然天成，减少凿作痕迹；四是将原本只有一种方案的碎落台及路堤侧的单调设计运用更先进的"植物物群落，高低搭配，层次搭配，红绿搭配"工程美学设计理念变更为五种不同的形式,让广吉更加的多变美丽;五是挑选一部分边坡纳入景观绿化标作为重点特色边坡打造外,还在全线挑选一些边坡将杜鹃花、火棘代替常规的马尾松和木荷进行普通边坡提升。

4)沥青加工达标排放

一是橡胶沥青加工设备增加环保处理措施。针对橡胶沥青加工环节异味严重,硫化物气体排放严重超标等问题,在加工站增加沥青废气收集、VOCs技术治理、蓄热直燃焚烧及废热回收利用等环保处理措施,提高能源利用效率,控制异味气体及恶臭物质,做到达标排放。

二是尝试采用环保型沥青混合料拌站。借鉴市政工程建设的经验,引进环保型沥青搅拌设备,通过骨料配供、干燥及引风设备的全封闭收集和集中处理,沥青、油烟气及粉尘的全收集,搅拌主楼、装料斗及溢料斗的全封闭等措施提高了拌站的环保水平。

(五)取得成效

该项目充分落实了绿色选线理念,结合了环境特点和项目特点,从全寿命周期角度考虑,贯穿环保选线的理念,避让环境敏感区,最大程度上实现了对沿线最敏感的水环境和生态环境的保护,科学合理的选择平纵线形指标,最大限度保护了土地资源。通过开展废旧材料利用、清洁能源推广、施工期永临结合、绿色施工等措施,实现资源循环与集约利用,一方面显著节约公路建设用地和石料等成本,直接节约建设工程投资额;另一方面也减少了污染源和废弃物排放,产生了良好的资源节约环保效益。

广吉高速绿色公路建设根据项目实际及地域、气候特点,有针对性采取方式和措施,因地制宜、量体裁衣,探索在江西如何实现"绿色公路"。为实现广吉高速"绿色公路"建设目标,以绿为魂、以质为核,通过高起点的谋划布局、高境界的工程设计、高品质的标准施工、高层次的环境保护和全方位的创新驱动来建设广吉高速公路,全面提升建设水平,实现节材、节水、节能、节地和环境保护("四节一环保")的要求,实现经济效益、社会效益和环境效益的高度统一。

四、福建莆炎高速绿色公路

(一)项目概况

国高网莆炎高速公路三明段项目路线起于三明市和福州市交界山头顶(分界点位于珠峰隧道内),顺接莆炎高速福州段,途经尤溪县、大田县、三元区、明溪县、宁化县、建宁县,终点与建泰高速公路相接,设金铙山枢纽互通。路线全长237km,概算总投资305.72亿元;主线共设桥梁161座,全长50619.25m;隧道48.5座,全长65717.25m,桥隧比49.1%。路基挖方6160.3万 m³,填方5041万 m³;互通式立交18座,匝道收费站15处;服务区6处、加水区1处、预留停车区1处。

（二）项目特点

莆炎高速公路（三明段）地处戴云山脉的中部，地形高低悬殊，多山地丘陵，项目建设特点及难点主要体现在以下几点。

1. 路线长，工程结构复杂多样，质量要求高，项目管理难度大

项目路线起于三明市和福州市交界五雷隔（分界点位于珠峰隧道内）连接尤溪县中仙乡华口枢纽互通，向西与省道S306相接，路线转向西北于董家坊枢纽互通（与建泰高速公路相交处），其中跨越东牙溪水库的文笔山1号、2号特长隧道，全长共9294m；后亭溪大桥最大墩高约123m，主跨跨径150m的预应力混凝土连续刚构结构，沙溪大桥最大墩高140m，主跨176m的钢桁组合梁连续钢构结构，施工风险高，质量要求严（图7-61、图7-62）。施工难度大，参建单位多，水平参差不齐，建设管理难度大。

图7-61 后亭溪大桥

图7-62 沙溪特大桥

2. 沿线土地资源紧缺，桥隧占比大，资源节约利用压力大

项目位于地处戴云山脉、玳瑁山脉的外延及武夷山脉，属中低山地貌，以侵蚀剥蚀地貌为主，路线跨越的地貌单元主要包括中低山、低山、丘陵、残积台地、山间凹地、河谷，土地资源稀缺，易破坏难修复，土地资源节约压力大。同时，由于穿行于丘陵与河谷间，桥梁隧道比例高，其中永泰梧桐至尤溪中仙段（二期工程）桥隧比为52.4%，尤溪中仙至建宁里心段（三期工程）桥隧比为54.2%。跨越东牙溪水库的文笔山1号、2号特长隧道，全长共9294m。土石方平衡及隧道洞渣综合利用需求高。

3. 沿线生态环境脆弱，施工污染影响大，环境保护任务重

项目地处地形高低悬殊，坡度较陡，多山地丘陵，多季风暴雨，土层瘠薄，水流势能大，水蚀能力强，生态系统自我调节、自我修复的能力弱，山地生态系统表现很显著的不稳定性，一旦破坏很难恢复，生态系统脆弱。沿线闽江源和君子峰2个国家级自然保护区边缘，在K221+494—K225+734穿越三明市东牙溪水库水源二级区，环境质量要求高；沿线生物多样性丰

富，覆盖5个植被类型12个群系，临近村落分布古树红豆杉17棵，植被保护任务重；施工站点多，涉水桥墩施工、隧道穿越二级水源保护地施工、施工场站生产等对水和空气的污染大（图7-63）。

图7-63 公路沿线古银杏树及红豆杉

4. 沿线自然风光秀美，旅游资源丰富，景观展示定位高

项目沿线自然风光秀美，人文景观璀璨，旅游资源丰富，主要旅游风景区有泰宁地质公园、格氏栲自然保护区、将乐玉华洞、尤溪九阜山，建宁金铙山、闽江源，明溪紫云，中仙龙门场等。其中泰宁地质公园为世界地质公园、将乐玉华洞为国家级旅游风景区、中仙的龙门场以300多株700多年树龄的古银杏群而闻名全省。名胜古迹有尤溪的宋代理学大家朱熹故里，泰宁明代尚书第，永安安贞堡等古建筑和宁化石壁村客家祖籍地等。三明市推出"碧水丹山游、溶洞探奇游、漂流探险游、森林考察游、寻根谒祖游"等旅游路线，其中"绿三角之旅"和"客家之旅"被列为省级三大联合促销黄金线路。该项目的建设将沿线诸多旅游景点连接在一起，对于构建新的跨省黄金旅游线路，实现海峡西岸经济区自然和文化旅游中心的战略定位等具有重要意义。

（三）绿色公路建设理念及总体框架

1. 绿色公路建设理念

创建绿色公路以交通运输部绿色公路建设文件要求为指导，切实贯彻"资源节约、自然和谐、建养并重、创新驱动、示范引领"的绿色公路建设理念为核心，立足莆炎高速公路（三明段）项目建设实际，以生态环境保护、资源节约利用，工程品质提升为主线，坚持目标导向、问题导向、效益导向，充分发挥创新驱动作用，达到科学高效的预期，力争把莆炎高速公路（三明段）项目建设成为"理念新、质量优、环境美、特色强"的一流高速公路。

2. 总体框架

以完成"绿色公路"的五大任务为核心，结合莆炎高速三明段的工程特点，重点进行"土地资源集约节约利用、生态环保设计、重点区域污染防治、绿色（旅游）服务区"等的示范工程创建，大力推进"四新"科技成果的集成应用，不断促进设计水平与工程管理水平提升，合力打造福建省闽西地区绿色公路建设试点示范工程，将莆炎高速公路铸就成山区绿色公路的"福建样板"（图7-64）。

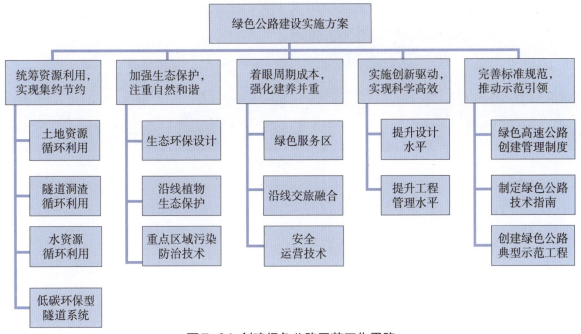

图7-64 创建绿色公路示范工作思路

绿色公路从"制度引领、资源节约、生态环保、减排污染、服务提升"五大方面进行攻关示范，以控制资源占用、保护生态环境、降低污染排放、技术创新提升工程品质、拓展莆炎高速公路服务功能为主要目标，注重设计、施工、养护全寿命周期全过程的服务与管理，在建立"双创建"公路建设管理新模式、资源循环与集约利用、生态环境保护、水环境保护、污染排放控制、技术创新提升工程品质、绿色服务区旅游功能拓展七大方面进行创建。

（四）绿色公路主要经验及做法

通过莆炎高速绿色公路典型示范工程的建设，深刻认识到开展"双创建"工作并设计出行之有效的管理模式是绿色公路实施的关键，绿色公路建设要全过程和全方位地贯彻，绿色施工是现阶段的关注重点，典型示范的意义在于形成可复制可推广的成果。

1. 注重管理制度建设，全面开展双创建工作

结合莆炎高速公路建设实际，坚持管理和技术的传承与创新，深化现代工程管理。加强组织领导，强化责任落实，项目部明确分工到人，各现场管理人员层层落实岗位职责，明确贯彻绿色公路理念，切实提升全员参与度，让绿色理念深入每个操作人员的心；通过建立定期检查制度、自评估制度、培训制度、奖惩制度等一系列管理制度的建设推进绿色公路技术落地实践；引入第三方专业机构开展创建绿色公路的全过程咨询与指导，助力绿色公路创建直击痛点，事半功倍（图7-65）。

图7-65 管理人员培训

2. 提前谋划布局，夯实创建基础

在设计阶段就要引入绿色设计理念，在公路选线、设计指标确定等方面充分考虑环境保护、水土保持影响因素，尽量避免穿越环境敏感区，避免高填深挖，谋求土石方调配平衡，避免过多占用土地，扩大破坏地表植被的面积。在招投标阶段，高度重视绿色公路创建工作能落到实处，在招标文件、补遗书、合同谈判中就提出了相关要求，让各参建单位认真消化部省市及莆炎公司下发的双创相关指导性文件，结合自身承建的项目特点，制定了"双创"实施方案。施工阶段，通过设置奖惩制度，在要求各参建单位严格执行"双创"实施方案，鼓励其积极挖掘项目绿色示范亮点，自发开展科技创新，并将创新成果量化、具体化后应用到实施方案的具体部位中（图7-66）。

图7-66 绿色公路现场观摩会

3. 坚强科技攻关力度，落实绿色公路示范

贯彻落实交通运输部《关于实施绿色公路建设的指导意见》，坚持"实施创新驱动，实现科学高效"的理念，深化与提升设计与管理水平，进而全面提升公路工程基础设施建设的质量安全水平。全面深入推进"专业化、标准化、信息化、精细化"为内容的现代化工程建设管理方法，进一步探索和完善绿色公路示范工程评价体系和管理模式，以推动绿色施工的质量不断提升。结合莆炎高速公路建设实际，以提升设计施工标准化管理水平为核心，着重在管理、环保、信息技术应用等方面再提升，有力推动莆炎高速公路绿色公路示范建设全方位管理再上新台阶。

4. 强化成果提炼，促进工程经验共享

莆炎高速公路（三明段）项目紧盯"创建绿色公路、打造品质工程示范项目"的目标，牢固树立"创新、协调、绿色、开放、共享"发展理念，大力弘扬精益求精的工匠精神，着力强化技术创新，在绿色公路品质工程建设过程中，采用技术与科研课题相结合的方式，以课题研究推动建设水平，以示范应用验证科研成果。在国家专利、工法、软件著作权、科技进步奖等领域硕果累累。

（1）专利与工法

共获得13项专利授权，17项专利正在审核中，并有6项专利正在申报中。获得4项软件著作权，48项版权证书。莆炎公司与中铁十六局开展联合攻关，研发的"高速公路装配式混凝土小型构件自动化生产施工工法"获得中国公路建设行业协会颁发的2018年度公路工程工法。

（2）科学技术奖

共取得中国铁建科学技术奖和中国交通运输协会科学技术奖二等奖各1项，中国公路学会"交通BIM工程创新奖"一等奖和二等奖各1项，中国安全生产协会安全科技进步奖二等奖1项。

（3）软件著作权

项目遵循"以标准规范为依据、以三维可视化技术为表现、以互联网+BIM技术为应用、以数据源为抓手"的技术开发和应用思路，目前已获得4项软件著作权，为整体解决当前行业教育培训、技术交底、日常监管、技术共享等方面所遇到的问题难题构建了多层次、全方位、立体式的解决方案。

（4）宣传效果

在取得上述成果的同时，中国交通报先后报道了"莆炎高速公路沙溪大桥设计方案通过专家审查"和莆炎高速中仙段A1—A4合同段"绿色莆炎、品质莆炎"有关情况，取得良好的影响。

沙溪大桥的BIM技术设计登上央视综合频道《机智过人》第三季舞台（图7-67）。

在后续工程建设中，莆炎公司将继续完善交通科技成果转化应用和产学研相结合的交通科技创新体系，提升工程建设质量，不断挖掘提炼工程建设亮点，总结形成一系列可复制、可推广的绿色公路品质工程建设经验，为今后福建省乃至全国山区公路建设提供借鉴。

图7-67 沙溪大桥的BIM技术设计登上央视综合频道《机智过人》第三季舞台

（五）取得成效

项目充分落实了绿色选线的理念选线，结合了路网特点、地方经济发展需求、地形、地貌、地质和旅游现状因素，从全寿命周期角度考虑，以不破坏就是最大的保护，最大程度的实现了沿线生态保护以及土地资源节约；科学合理的平纵线形指标选择有效减少了土地占用；精选路线方案，充分利用廊道资源；开展隧道弃渣综合循环利用、表土资源循环利用、施工期永临结合等实现资源循环与集约利用。一方面显著节约建设用地和建筑石料等成本；另一方面也减少了施工废土、废渣的排放，产生了良好的资源节约环保效益。

莆炎高速公路通过创建示范项目，共同打造绿色公路和品质工程"双示范"工程，在保证质量安全等基本品质要求的前提下，通过科学管理和技术应用，最大限度实现经济效益、社会效益和环境效益的高度统一。

第八章　标准规范

法律法规的规定和要求，通常较为原则、有效期较长并普遍适用，有了标准规范方可操作，标准规范对法律法规起到支撑作用，实施时更为具体化、量化，可因地而异、因时而异。

在中国绿色公路发展历程中，自2010年以后，绿色交通体系逐步从理论走向应用，形成以设施、工具、规划、协调、组织管理等为基础层的工具化、行动化、标准化的绿色交通体系。

2017年底，交通运输部印发了《关于全面深入推进绿色交通发展的意见》，提出在重点领域和关键环节集中发力，从交通运输结构优化、组织创新、绿色出行、资源集约、装备升级、污染防治、生态保护等方面入手，抓重点、补短板、强弱项，推动形成绿色发展方式和生活方式，明确提出了要加快构建绿色发展制度标准体系。

完善绿色交通标准体系，统筹绿色交通标准化发展，对推广应用先进节能环保技术产品，降低生态环境影响，提高能源利用效率，改善交通运输能源结构等具有重要意义。

一、基础通用标准

（一）行业标准

1. 术语

序号	体系编号	标准编号	标准名称	实施日期
1	101.1	JT/T 643.1—2016	交通运输环境保护术语 第1部分：公路	2016-04-10
2	101.2	JT/T 643—2016	交通运输环境保护术语 第2部分：水路	2017-01-01

2. 绿色评价

序号	体系编号	标准编号	标准名称	实施日期
1	102.1	JT/T 1199.1—2018	绿色交通设施评估技术要求 第1部分：绿色公路	2018-08-01
2	102.2	JT/T 1199—2018	绿色交通设施评估技术要求 第2部分：绿色服务区	2018-08-01
3	102.4	JT/T 1199—2022	绿色交通设施评估技术要求 第4部分：绿色客运站	2022-04-13
4	102.5	JT/T 1199.5—2022	绿色交通设施评估技术要求 第5部分：绿色货运站	2022-04-13

（二）地方标准

序号	标准名称	地区	主要内容
1	DB14/T 2314—2021 绿色公路评价标准	山西	规定了绿色公路评价的基本规定、评价指标体系和评价方法等内容。适用于新建、改扩建及运营的二级以上公路项目，其他等级公路可参照使用。2021年12月1日起实施

续表

序号	标准名称	地区	主要内容
2	DB36/T 535—2020 绿色公路建设指南—高速公路 第3册 绿色公路评价标准	江西	规定了绿色公路评价的要求、指标体系等内容。适用于高速公路的评价，其他等级公路可参照使用。2021年1月1日起实施
3	DB53/T 449—2013 绿色公路评价标准	云南	内容包括：前言、范围、规范性引用文件、术语和定义、基本要求、绿色公路指标体系、绿色公路等级评定、附录A（规范性附录）绿色公路评价表、附录B（资料性附录）绿色公路评定得分统计表。规定了绿色公路评价的基本规定、绿色公路评分标准和等级评定规则。适用于云南省新建、改扩建的高速公路、一级公路、二级公路，其他等级公路可参照执行。2013年4月1日起实施
4	DB12/T 1096—2021 绿色公路评价指标	天津	规定了天津市绿色公路评价的基本规定、评价指标组成、评价指标分数的计算方法和等级评定规则。适用于符合国家及天津市路网规划并经天津市政府部门审批、验收的所有新建、改扩建的高速公路、一级公路、二级公路，其他等级公路可参照执行。2021年12月1日起实施

（三）团体标准

序号	项目名称	主要内容
1	T/JSCTS 12—2022 江苏省高速公路绿色服务区评估指南	指出了高速公路绿色服务区评估的总体考虑、评估指标体系和评估方法、评分标准的指导。适用于高速公路运营期绿色服务区的评估，停车区可参照使用。2022年6月1日起实施

二、节能降碳标准

（一）行业标准

1. 新能源与清洁能源应用

序号	体系编号	标准编号	标准名称	实施日期
1	201.1.1	JT/T 1025—2016	混合动力城市客车技术条件	2016-04-10
2	201.1.2	JT/T 1203—2018	混合动力公共汽车配置要求	2018-08-01
3	201.1.3	JT/T 1343—2020	双源电动城市客车技术规范	2021-02-01
4	201.1.4	JT/T 1026—2021	纯电动城市客车通用技术条件	2022-04-01
5	201.1.5	JT/T 1096—2016	电动公共汽车配置要求	2017-04-01
6	201.1.6	JT/T 1371—2021	电动营运货车选型技术要求	2021-05-01
7	201.1.7	JT/T 1028—2016	液化天然气客车技术要求	2016-04-10

续表

序号	体系编号	标准编号	标准名称	实施日期
8	201.1.8	JT/T 1204—2018	天然气公共汽车配置要求	2018-08-01
9	201.1.9	JT/T 1342—2020	燃料电池客车技术规范	2021-02-01
10	201.3.1	GB/T 24716—2009 修订计划号：20204944-T-469	公路沿线设施太阳能供电系统通用技术规范	2010-04-01

2. 能耗能效

序号	体系编号	标准编号	标准名称	实施日期
1	202.1.3	JT/T 711—2016	营运客车燃料消耗量限值及测量方法	2017-04-01
2	202.1.4	JT/T 719—2016	营运货车燃料消耗量限值及测量方法	2017-04-01
3	202.1.5	JT/T 1411—2022	天然气营运货车燃料消耗量限值及测量方法	2022-04-13
4	202.3.1	JT/T 431.1—2022	公路机电设施用电设备能效等级及评定方法 第1部分：LED车道控制标志	2022-09-09
5	202.3.2	JT/T 431—2022	公路机电设施用电设备能效等级及评定方法 第2部分：公路隧道通风机	2022-09-09
6	202.3.3	JT/T 431—2022	公路机电设施用电设备能效等级及评定方法 第3部分：公路隧道照明系统	2022-09-09
7	202.3.4	JT/T 431—2022	公路机电设施用电设备能效等级及评定方法 第4部分：公路LED可变信息标志	2022-09-09
8	202.3.5	JT/T 431.5—2022	公路机电设施用电设备能效等级及评定方法 第5部分：公路LED照明灯具	2022-09-09

3. 碳排放强度

序号	体系编号	标准编号	标准名称	实施日期
1	203.1	JT/T 1248—2019	营运货车能效和二氧化碳排放强度等级及评定方法	2019-07-01
2	203.2	JT/T 1249—2019	营运客车能效和二氧化碳排放强度等级及评定方法	2019-07-01

4. 节能技术与管理

序号	体系编号	标准编号	标准名称	实施日期
1	204.1.1	JTG/T 2340—2020	公路工程节能规范	2020-05-01

续表

序号	体系编号	标准编号	标准名称	实施日期
2	204.2.1	GB/T 4352—2007 修订计划号：20200940-T-348	载货汽车运行燃料消耗量	2008-06-01
3	204.2.2	GB/T 4353—2007 修订计划号：20200941-T-348	载客汽车运行燃料消耗量	2008-06-01
4	204.2.3	GB/T 14951—2007 修订计划号：20200942-T-348	汽车节油技术评定方法	2007-08-01
5	204.2.4	GB/T 25348—2010	汽车节油产品使用技术条件	2011-03-01
6	204.2.5	JT/T 807—2011	汽车驾驶节能操作规范	2011-06-15

5. 核算与监测

序号	体系编号	标准编号	标准名称	实施日期
1	205.2.1.6	JT/T 1257—2019	营运货车能耗在线监测 第1部分：数据采集设备技术要求	2019-07-01
2	205.2.1.7	JT/T 1257—2019	营运货车能耗在线监测 第2部分：平台技术要求	2019-07-01
3	205.2.1.8	JT/T 1257—2019	营运货车能耗在线监测 第3部分：数据交换	2019-07-01
4	205.2.2.1	GB/T 18566—2011	道路运输车辆燃料消耗量 检测评价方法	2012-03-01
5	205.2.3.3	JT/T 1013—2015	碳平衡法汽车燃料消耗量 检测仪	2016-01-01
6	205.3.2	JT/T 856—2013	道路运输行业节能评价方法	2014-01-01
7	205.3.3	JT/T 857—2013	道路运输企业节能评价方法	2014-01-01
8	205.3.4	JT/T 868—2013	汽车客运站节能评价方法	2014-01-01
9	205.3.5	JT/T 869—2013	汽车货运站（场）节能评价方法	2014-01-01

（二）地方标准

序号	项目名称	地区	主要内容
1	DB33/T 975—2015 蓄能自发光交通标识设置技术规程	浙江	规定了蓄能自发光交通标识（以下简称"自发光标识"）的设置基本规定、路段分类、设置要求，以及施工与验收等规定。适用于夜间无持续照明或无照明设施的道路上为非机动车和行人等服务的自发光标识的设计、施工与验收。2015年8月16日起实施

续表

序号	项目名称	地区	主要内容
2	DB33/T 2033—2017 公路隧道蓄能自发光应急诱导系统设置技术规程	浙江	规定了高速公路边坡养护的基本规定、检查与安全风险评估、日常养护、专项整治、边坡监测、安全管理和信息化管理等的技术要求，适用于高速公路边坡养护。2017年6月22日起实施
3	DB22/T 2647—2017 公路隧道太阳能供电LED照明系统设计施工指南	吉林	规定了公路隧道太阳能供电LED照明系统设计与施工的术语和定义、系统组成、太阳能供电系统、LED照明系统、控制系统。适用于指导新建和改建公路的中、短隧道太阳能供电LED照明系统的设计和施工，长隧道基本段可参照使用。2017年8月12日起实施
4	DB14/T 2315—2021 绿色公路建设技术指南	山西	规定了绿色公路建设的一般要求、绿色设计、绿色施工和绿色运营技术要求。适用于新建、改扩建的二级及以上等级公路，其他等级公路可参照执行。2021年12月1日起实施
5	DG/TJ 08-2348—2020 绿色公路技术标准	上海	采用"条块"模式编排各章节，先将道路、桥梁、排水、隧道等专业绿色公路相关内容进行提炼，再按"四大要素"归口组合，最终按不同阶段（篇章）分类纳入"四大要素"各节之中形成条款。建立了绿色公路评估体系，采用分阶段评估模式。各阶段评估指标均为三级体系，共设66个设计评分项、70个施工评分项和62个运维评分项。2021年5月1日起实施
6	DB32/T 3949—2020 普通国省干线绿色公路建设技术规程	江苏	规定了普通国省干线公路在规划设计、施工及运营三个阶段的绿色公路建设技术，并提出了普通国省干线绿色公路评价标准。适用于新建和改扩建普通国省干线绿色公路建设，其他工程可参考本标准。2021年1月15日起实施
7	DB34/T 3272—2018 高速公路绿色服务区建设指南	安徽	规定了安徽省高速公路绿色服务区的选址与用地、场地规划、房屋建筑、节能系统、节水系统、环保设施、景观与绿化、绿色服务等建设要求。适用于安徽省高速公路服务区新建、改建和扩建的建设，高速公路停车区和普通公路服务区可参照执行。2019年1月29日起实施
8	DB36/T 535.1—2020 绿色公路建设指南—高速公路 第1册 勘察设计指南	江西	规定了绿色公路勘察设计的设计管理、路线设计、路基设计、路面设计、桥涵设计、隧道设计、路线交叉工程设计、交通安全工程设计、环境保护设计、服务与管理区设计、机电工程设计等技术要求。适用于绿色公路的勘察设计，其他等级公路可参照使用。2021年1月1日起实施
9	DB36/T 535—2020 绿色公路建设指南—高速公路 第2册 工程实施指南	江西	规定了绿色公路工程实施的总体要求、建设管理、工程监理及试验检测、工地建设、临时用地用电、路基工程、路面工程、桥涵工程、隧道工程、交通安全工程、房建工程、机电工程、环境保护、安全生产、档案管理等技术要求。适用于高速公路工程实施，其他等级公路可参照使用。2021年1月1日起实施
10	DB37/T 4516—2022 高速公路边坡光伏发电工程技术规范	山东	规定了高速公路边坡光伏发电工程的基本规定、项目选址、技术要求、施工交通组织、监控测量、环境保护与水土保持的要求。适用于既有高速公路边坡光伏发电工程建设。新建、改扩建高速公路参照执行。2022年7月20日起实施

（三）团体标准

序号	项目名称	主要内容
1	T/CECS 611—2019 电动汽车无线充电设施技术规程	主要内容包括：总则、术语、材料、部件与设备、工程设计、施工与安装、调试与验收、运行与维护。适用于电动汽车无线充电设施新建、扩建和改建工程的设计施工、验收、运行、维护。2020年1月1日起实施
2	T/CECS G：K80-01—2021 公路工程智慧工地建设技术规程	共分8章和2个附录，主要内容包括：总则、术语、符号及代号、基本规定、硬件设施、软件功能、数据库与接口、系统集成、运行与维护、附录A智慧工地功能指标及建设需求和附录B设备硬件指标、安装调试要求。适用于新建、改（扩）建、养护等各等级公路工程。2022年3月1日起实施
3	T／CECS 612—2019 智能照明控制系统技术规程	规定了各类场所智能照明控制系统的设计、安装、调试、验收、评价和运行维护，共分为9章、2个附录，对智能照明工程实施的各个环节进行规定。2019年12月12日起实施
4	T/CECS 890—2021 交通建筑节能运行管理与检测技术规程	共分8章，主要内容包括：总则、术语、基本规定、围护结构、暖通空调系统、给排水系统、电气系统及用电设备和计量、检测与控制系统。2021年12月1日起实施
5	T/CECS G：D83-01—2022 道路护栏式照明设计标准	共分10章，主要内容包括：总则、术语和符号、道路照明分类、技术要求、设置要求、供电、控制、安全性要求、灯具配光技术要求、环境适用条件。适用于新建和改扩建城市道路和公路机动车道的护栏式照明设计。2022年9月1日起实施
6	T/CECS G：D85-11—2022 公路隧道LED照明 调光系统设计标准	主要内容包括：总则、术语和符号、系统分类与结构、调光系统设计、设备布设要求、关联设备性能要求、调光系统性能要求。适用于新建和改建公路隧道LED照明调光系统的设计。2022年8月1日起实施
7	T/CECS G：C10-01—2020 绿色公路建设技术标准	主要内容包括：总则、术语、总体设计、路线、路基路面、桥梁涵洞、隧道、交通安全设施、服务设施、公路景观。适用于新建、改扩建的二级及二级以上公路的规划、设计、施工、运营和养护全过程，其他等级公路可参照执行。2020年12月1日起实施
8	T/CECS 10089—2020 太阳能长余辉发光诱导标识	主要内容包括：范围，规范性引用文件，术语和定义，分类与组成，技术要求，试验方法，检验规则，标志、包装、运输及贮存。2020年9月1日起实施
9	T/CHTS 10060—2022 公路隧道多功能蓄能发光材料应用技术指南	主要内容包括：总则、术语、基本规定、设计、施工与质量验收、养护、附录、用词说明、条文说明。2022年7月1日起实施
10	T/CHTS 10049—2022 港珠澳大桥节能减排技术指南	主要内容包括：总则、术语、工程节能减排核算、照明系统节能、沉管隧道通风系统节能、供配电系统节能。适用于港珠澳大桥跨海集群工程，其他类似跨海集群工程可进行参考。2022年2月28日起实施
11	T/CHTS 10061—2022 雄安新区高速公路房建工程装配式近零能耗建筑技术标准	主要内容包括：总则、术语、基本规定、指标参数、设计、施工、验收7章内容。2022年5月9日起实施
12	T/CSAE235—2021 电动汽车出行碳减排核算方法	规定了电动汽车出行碳减排核算方法的术语和定义、使用场景、适用要求、额外性、项目边界、碳减排量计算方法和监测方法。适用于电动汽车在出行环节因燃料替代产生碳减排量的场景。2021年11月11日起实施

三、污染防治标准

（一）行业标准

1. 大气污染防治

序号	体系编号	标准编号	标准名称	实施日期
1	301.8	JT/T 1326—2020	路面标线材料有害物质限量	2020-11-01
2	301.9	JT/T 386—2017	机动车排气分析仪 第1部分：点燃式机动车排气分析仪	2018-02-01
3	301.10	JT/T 386—2020	机动车排气分析仪 第2部分：压燃式机动车排气分析仪	2020-11-01

2. 污水排放处理

序号	体系编号	标准编号	标准名称	实施日期
1	302.2	JT/T 802—2011	高速公路服务区生物接触氧化法污水处理成套设备	2011-09-01
2	302.3	JT/T 1147—2017	公路服务区污水处理设施 技术要求 第1部分：膜生物反应器处理系统	2017-11-01
3	302.4	JT/T 1147—2017	公路服务区污水处理设施 技术要求 第2部分：人工湿地处理系统	2017-11-01
4	302.5	JT/T 1147—2020	公路服务区污水处理设施 技术要求 第3部分：曝气生物滤池污水处理系统	2020-07-01

3. 噪声污染防治

序号	体系编号	标准编号	标准名称	实施日期
1	303.6	GB/T 25982—2010	客车车内噪声限值及测量方法	2011-05-01
2	303.7	JT/T 646—2016	公路声屏障 第1部分：分类	2016-04-10
3	303.8	JT/T 646—2016	公路声屏障 第2部分：总体技术要求	2016-04-10
4	303.9	JT/T 646—2017	公路声屏障 第3部分：声学设计方法	2018-02-01
5	303.10	JT/T 646—2016	公路声屏障 第4部分：声学材料技术要求及检测方法	2016-04-10
6	303.11	JT/T 646.5—2017	公路声屏障 第5部分：降噪效果检测方法	2018-02-01
7	303.12	JT/T 1198—2018	公路交通噪声防治措施分类及技术要求	2018-08-01

（二）地方标准

序号	项目名称	地区	主要内容
1	DB32/T 3565—2019 公路工程环境监理规程	江苏	规定了公路工程环境监理术语和定义，环境监理项目部、人员、设施，环境监理工作流程，环境监理工作制度，环境监理方案和环境监理实施细则，设计阶段环境监理，施工阶段环境监理，试运营阶段环境监理，环境监测，暂停、复工、变更，环境监理资料及管理等相关内容。适用于开展环境监理工作的新建、改（扩）建公路工程。2019年4月30日起实施
2	DB62/T 4339—2021 高速公路工地试验室标准化指南	甘肃	规定了工地试验室设立与备案、工地试验室建设、工地试验室管理、工地试验室和试验检测人员信用评价的标准化要求。适用于甘肃省高速公路新建、改扩建工程工地试验室；其他等级公路可参照执行。2021年7月21日起实施
3	DB62/T 2997—2019 公路工程工地建设标准	甘肃	规定了甘肃省新建、改（扩）建高速公路和一级公路工程的工地临时设施建设技术标准。适用于甘肃省高速公路和一级公路的新建、改（扩）建工程施工工地临时设施建设。其他等级公路、市政道路工程可参照执行。2019年6月1日起实施
4	DB36/T 1292—2020 高速公路服务区污水处理（A/O工艺）运维指南	江西	规定了高速公路服务区、收费站A/O污水处理工艺的运维管理，为从业人员调试运行、设备操作、维护检修提供技术指导。适用于高速公路服务区、收费站A/O工艺一体化污水处理设备的运维管理工作。2021年3月1日起实施
5	DB41/T 2153—2021 高速公路沿线设施污水处理工程设计规范	河南	规定了高速公路沿线设施污水处理工程设计规范适用的术语和定义、一般规定、设计水量及设计水质、污水收集系统、污水处理系统、防护和监（检）测控制等。适用于新建、改建和扩建的高速公路沿线各类设施的污水处理工程设计。2021年10月5日起实施
6	DB23/T 2994—2021 黑龙江省公路与城市道路工程绿色施工规程	黑龙江	适用于黑龙江省行政区域内新建、扩建、改建及拆除等公路与城市道路工程的绿色施工活动。2021年6月23日起实施

（三）团体标准

序号	项目名称	主要内容
1	T/CECS G：M52-01—2020 道路路面低噪抗滑超表处技术规程	主要内容包括：总则、术语、材料、类型选择及设计、施工、质量管理与检查验收及附录。2020年9月1日起实施
2	T/CECS G：E41-04—2019 国家公路网重点桥梁和隧道监测评价规程	主要内容包括：总则、术语、基本规定、技术状况抽检与复核、养护管理状况监督检查、监督检查评价、数据管理、作业安全防护和附录。2019年10月1日起实施
3	T/CSAE 237—2021 重型汽车实际行驶污染物排放测试技术规范	规定了重型汽车实际行驶污染物排放测试术语和定义、测试设备和测试参数、测试准备、测试条件等要求。适用于满足中国第六阶段（GB 17691—2018）的装用压燃式、气体燃料点燃式发动机的M2、M3、N1、N2和N3类及总质量大于3500 kg的M1类汽车（包括重型混合动力汽车）的新车型式检验、新生产车的排放达标检查和在用符合性检查，以及车辆开发、车辆排放评估等研发验证类测试。2021年12月15日起实施

续表

序号	项目名称	主要内容
4	T/GXAS 370—2022 建设项目环境影响评价制图技术规范	界定了建设项目环境影响评价制图技术涉及的术语和定义，规定了建设项目环境影响评价制图的总体要求、图件要素、图件内容及要求、制图要求的内容。适用于建设项目环境影响评价工作的制图。2022年8月24日起实施
5	T/SXAEPI 9—2022 城市道路声屏障建设技术规范	本文件规范的声屏障立柱采用了环保节能材料——玄武岩纤维拉挤型材；声屏障吸隔声板、通透隔声板的设计与城市的人文文化、自然景观以及光伏发电相结合，实现了节能减排、提供了绿色能源等措施；采用了方便检修全部安装螺栓的装置，直接降低后期检修及维护成本，对城市道路声屏障建设技术进行规范。2022年8月11日起实施
6	T/JSCTS 7—2022 交通工程3D打印护岸工程和声屏障工程质量检验标准	规定了交通工程3D打印护岸工程和声屏障工程质量检验的基本要求和质量检验方法。适用于内河航道3D打印护岸工程和公路声屏障工程的质量检验，其他3D打印的交通工程质量检验可参照使用。2022年3月1日起实施

四、生态环境保护修复标准

（一）行业标准

1. 环境保护设计

序号	体系编号	标准编号	标准名称	实施日期
1	401.1	JT/T 647—2016	公路绿化设计制图	2017-04-01
2	401.2	JTG B04—2010	公路环境保护设计规范	2010-07-01

2. 生态环境修复

序号	体系编号	标准编号	标准名称	实施日期
1	402.1	JT/T 1108.1—2016	公路路域植被恢复材料 第1部分：植物材料	2017-04-01
2	402.2	JT/T 1108—2017	公路路域植被恢复材料 第2部分：辅助材料	2017-11-01
3	402.3	JT/T 1108—2018	公路路域植被恢复材料 第3部分：植物纤维毯	2018-08-01

3. 统计与评价

序号	体系编号	标准编号	标准名称	实施日期
1	403.1.1	JT/T 1176—2017	交通运输环境保护统计 第1部分：主要污染物统计指标及核算方法	2018-03-31

续表

序号	体系编号	标准编号	标准名称	实施日期
2	403.1.2	JT/T 1176—2020	交通运输环境保护统计 第2部分：环境保护资金投入统计指标及核算方法	2020-11-01
3	403.2.7	JT/T 1146—2017	交通运输专项规划环境影响评价技术规范 第1部分：公路网规划	2017-11-01
4	403.2.11	JTG B03—2006	公路建设项目环境影响评价规范	2006-05-01

（二）地方标准

序号	项目名称	地区	主要内容
1	DB33/T 2099—2018 高速公路边坡养护技术规范	浙江	规定了高速公路边坡养护的基本规定、检查与安全风险评估、日常养护、专项整治、边坡监测、安全管理和信息化管理等的技术要求。适用于高速公路边坡养护。2018年3月8日起实施
2	DB45/T 1973—2019 山区高速公路边坡防治施工技术规程	广西	规定了山区高速公路边坡防治施工技术的术语和定义、基本规定、信息法施工、施工准备、开挖工程、防护工程、支挡工程、排水工程、安全监测、质量控制和验收。适用于广西山区高速公路路堑边坡的施工。2019年8月20日起实施
3	DB45/T 2055—2019 岩溶地区栖息地恢复技术导则	广西	规定了岩溶地区栖息地恢复的恢复目标、恢复原则、目标物种和栖息地调查评估、恢复技术、监测和成效评估和档案的建立等内容。适用于广西境内岩溶地区某特定动物物种栖息地恢复工程建设，其他区域栖息地恢复可参照使用。2020年1月30日起实施
4	DB63/T 1600—2017 高海拔高寒地区公路边坡生态防护技术设计规范	青海	规定了高海拔高寒地区公路边坡生态防护工程设计的基本要求、生态防护设计调查、生态防护物种选择、植生层设计和边坡生态防护设计等内容。适用于高海拔高寒地区新建、改扩建的高速公路和一级公路边坡生态防护工程设计。其他等级公路边坡生态防护工程设计可参照执行。2017年12月20日起实施
5	DB63/T 1599—2017 高海拔高寒地区公路边坡生态防护技术施工规范	青海	规定了高海拔高寒地区公路边坡生态防护工程施工准备、施工工艺、技术要点。适用于高海拔高寒地区新建、改扩建的高速公路和一级公路边坡生态防护工程施工。其他等级公路边坡生态防护工程施工可参照执行。2017年12月20日起实施
6	DB63/T1858—2020 高寒高海拔荒漠公路排水体系设计指南	青海	规定了高寒高海拔荒漠公路排水体系设计的基本规定、路基排水、路基防护加固工程、路面排水与路肩加固、分隔带排水、路界地下排水、桥梁防排水工程、隧道防排水工程等内容的技术要求。该标准适用于青海省高寒高海拔荒漠区新建、改扩建的各等级公路排水体系设计。2021年1月1日起实施

续表

序号	项目名称	地区	主要内容
7	DB51/T 2799—2021 四川省高速公路景观及绿化设计指南	四川	规定了高速公路景观及绿化设计的总体原则、总体设计，以及景观设计、绿化设计和管理维护的原则和要点。该标准适用于四川省范围内的新建、改（扩）建高速公路景观及绿化设计。已营运高速公路的养护、提升改造等可参照该标准执行。2021年9月1日起实施
8	DB14/T 2266—2021 旅游公路设计技术指南	山西	主要内容包括：旅游公路设计的基本规定、交通量预测与旅游资源调查评价、主体系统、慢行系统、服务系统、景观系统、信息系统。2021年4月25日起实施
9	DB14/T 2159—2020 旅游公路服务区设施设计指南	山西	对旅游公路服务设施设计指南的范围、规范性引用文件、术语与定义、一般要求、总体设计、沿线服务设施、配套设施等相关内容提出了指导建议。适用于旅游公路沿线服务设施的新建、改（扩）建设计，其他行业同类服务设施可参照执行。2020年12月28日起实施
10	DB23/T 3165—2022 公路绿化养护管理技术规范	黑龙江	规定了公路绿化养护管理的原则、巡查检视、养护管理、病虫害防治和生产档案。适用于一、二级公路绿化养护管理。2022年6月8日起实施
11	DB15/T 2426—2021 高纬度多年冻土区公路土质路堑边坡植物防护技术规范	内蒙古	规定了内蒙古自治区高纬度多年冻土区公路土质路堑边坡植物防护设计、施工、检查验收和管护等要求。2021年11月15日起实施
12	DB41/T 1893—2019 公路边坡生态防护施工技术指南	河南	规定了公路边坡生态防护施工的术语和定义，设计、施工、养护和质量控制与验收。适用于新建和改扩建公路边坡生态防护工程。2019年12月30日起实施
13	DB41/T 2103—2021 高速公路绿化工程质量验收规范	河南	规定了高速公路绿化工程的类型、质量要求、验收和评定。适用于高速公路新建、改扩建（含连接线）绿化工程及绿化更新改造工程的施工过程质量验收、工程竣工质量验收和工程交工质量验收。2021年4月25日起实施
14	DB42/T 1496—2019 公路边坡监测技术规程	湖北	规定了公路边坡监测的监测方案、监测等级划分、监测项目、监测期限及频率、监测预警、监测成果的技术要求。适用于湖北省各级公路建设期和营运期边坡的监测，公路边坡监测应能形成点、线、面的三维立体监测系统，以全面监测边坡的时空状态和发展趋势，满足勘察设计和预警要求。2019年4月28日起实施
15	DB35/T 1844—2019 高速公路边坡工程监测技术规程	福建	规定了高速公路边坡工程监测的基本规定、资料搜集和补充勘察、监测方案。地表裂缝监测、自动化监测和成果编制。适用于福建省高速公路路堑高边坡、路堤高边坡与滑坡工程的监测，包括工程施工阶段的施工安全监测、工程交工后试运营阶段的工程效果监测和高速公路运营期间的运营安全监测等。2019年9月14日起实施
16	DB36/T 1589—2022 水土保持无人机监测技术规程	江西	规定了水土保持无人机监测技术的术语和定义。无人机选择、飞行前准备、外业监测、内业数据处理以及成果汇总管理等。适用于水蚀区的水土保持无人机监测领域。2022年12月1日起实施

（三）团体标准

序号	项目名称	主要内容
1	T/CECS G：C12—2021 旅游公路技术标准	主要内容包括：总则、术语和符号、基本规定、路线、路基路面、桥涵和隧道、路线交叉、服务设施、交通安全设施、管理设施、慢行系统、景观设计与环境保护及附录。适用于公路技术等级为一至四级的旅游公路新建工程、改扩建工程，以及提升旅游服务功能的专项工程。2022年5月1日起实施
2	T/CECS 812—2021 绿色装配式边坡防护技术规程	主要内容包括：总则、术语和符号、基本规定、绿色装配式构件、工程设计、施工与监测、检验与验收等。适用于边坡与基坑工程中采用绿色装配式防护技术的设计、施工与监测、检验与验收。2021年6月1日起实施
3	T/CECS G：C31—2020 公路工程水土保持技术标准	主要内容包括：总则、术语、基本规定、不同水土流失类型区的特殊规定、表土资源保护与利用、植被恢复、主体工程水土保持措施、取土场水土保持措施、弃土场水土保持措施、其他临时工程水土保持措施、水土保持管理及专项验收等。2020年12月1日起实施
4	T/CECS 975—2021 市政公用工程绿色施工评价标准	主要内容包括：总则、术语、基本规定、评价程序和组织、评价方法、绿色施工基础管理、环境保护评价、节材与材料资源利用评价、节水与水资源利用评价、节能与能源利用评价、节地与土地资源保护评价等。2022年5月1日起实施
5	T/CECS 749—2020 混凝土生态砌块挡墙施工与质量验收标准	主要内容包括：总则、术语、基本规定、材料、施工、质量验收等。适用于建设工程中混凝土生态砌块挡墙的施工与质量验收。2021年1月1日起实施
6	T/CECS G：C31—2020 公路工程水土保持技术标准	从公路工程水土流失类型区、表土资源保护与利用、植被恢复、主体工程及取（弃）土场水土保持措施、水土保持措施管理及专项验收等方面提出项目建设的水土保持技术要求，对规范公路工程水土保持工作，预防和治理项目实施产生的水土流失具有重要的指导意义。2020年12月1日起实施
7	T/CECS G：C12—2021 旅游公路技术标准	主要内容包括：总则、术语、基本规定、廊道规划、路线、路基路面、桥梁和隧道、路线交叉、服务设施、交通安全设施、管理设施、环境保护与景观设计。2022年5月1日起实施
8	T/CHTS 10063—2022 公路绿道设计指南	主要内容包括：总则、术语、基本规定、总体设计、路线、路基路面、桥涵、路线交叉、绿廊、设施等。2022年7月1日起实施
9	T/CHTS 10052—2021 公路景观设计指南	主要内容包括：总则、术语、基本规定、景观资源调查与分析、线性景观、桥梁景观、隧道景观、路线交叉景观、沿线服务设施景观。2022年1月15日起实施
10	T/CHTS 20008—2020 "美丽高速公路"管理服务指南	主要内容包括：总则、术语、基本要求、舒适、通畅、安全、便捷、规范经营。2020年9月30日起实施
11	T/CHTS 10010—2019 公路边坡浅层竹木稳固技术指南	主要内容包括：公路边坡浅层防护设计、施工技术、质量控制与验收、养护等。2019年6月10日起实施
12	T/CAGHP 028—2018 坡面防护工程施工技术规程	规定了坡面防护工程施工的术语和定义、基本规定、施工准备、削方整形与填坡、格构锚固坡面防护、砌体坡面防护、喷锚坡面防护柔性防护网坡面防护、植被生态坡面防护、其他坡面防护、施工监测、质量检测与验收、环境保护和安全措施、坡面防护工程维护等。适用于坡面防护工程施工，包括城乡建设、道路交通、水利水电、矿山等建设工程活动中的自然斜坡及人工边坡的坡面防护工程施工。2018年4月1日起实施

五、资源节约集约利用标准

（一）行业标准

1. 污水再生利用

序号	体系编号	标准编号	标准名称	实施日期
1	501.1	JT/T 645.1—2016	公路服务区污水再生利用 第1部分：水质	2016-04-10
2	501.2	JT/T 645—2016	公路服务区污水再生利用 第2部分：处理系统技术要求	2016-04-10
3	501.3	JT/T 645—2016	公路服务区污水再生利用 第3部分：处理系统操作管理要求	2016-04-10

2. 废旧物循环利用

序号	体系编号	标准编号	标准名称	实施日期
1	502.1	GB/T 40065—2021	果蔬类周转箱循环共用管理规范	2022-03-01
2	502.2	JT/T 774—2010	汽车空调制冷剂回收、净化、加注工艺规范	2010-07-01
3	502.3	JT/T 797—2019	路用废胎橡胶粉	2020-03-01
4	502.4	JT/T 798—2019	路用废胎胶粉橡胶沥青	2020-03-01
5	502.5	JT/T 819—2011 修订计划号：JT2020-19	公路工程水泥混凝土用机制砂	2012-04-01
6	502.6	JT/T 1086—2016	沥青混合料用钢渣	2017-01-01
7	502.7	JTG/T 2321—2021	公路工程利用建筑垃圾技术规范	2021-11-01
8	502.8	JTG/T 5521—2019	公路沥青路面再生技术规范	2019-11-01
9	502.9	JTG/T F31—2014	公路水泥混凝土路面再生利用技术细则	2014-06-01

（二）地方标准

序号	项目名称	地区	主要内容
1	DB11/T 1728—2020 海绵城市道路系统工程施工及质量验收规范	北京	主要内容包括：总则、术语、基本规定、海绵道路结构层、海绵道路路面面层、海绵道路渗滞设施、海绵道路净化与转输设施、海绵道路蓄排用设施、特殊季节施工。适用于北京市行政区域内新建、扩建、改建海绵城市道路系统工程的施工及质量验收。2020年4月24日起实施

续表

序号	项目名称	地区	主要内容
2	DB50/T 10001.1—2021、DB51/T 10001.1—2021 智慧高速公路 第1部分：总体技术要求	四川	规定了智慧高速公路总体要求、路侧设施、云控平台、应用服务和信息安全等方面的技术要求，适用于成渝地区双城经济圈智慧高速公路的新建、改（扩）建工程，以及高速公路既有设施智慧化提升改造。2022年2月25日起实施
3	DB31/T 773—2019 房车旅游服务区基本要求	上海	规定了房车旅游服务区的总体要求和旅游联动、功能区、信息服务、服务人员、卫生和环保、安全管理、综合管理等要求。适用于本行政区域内的房车旅游服务区。2019年10月1日起实施
4	DB32/T 3522.1—2019 高速公路服务规范 第1部分：服务区服务	江苏	规定了高速公路服务区服务的总体要求，包括公共场区服务、卫生间服务、商超服务、加油（气）和充电服务、餐饮服务、维修服务、住宿服务等。适用于全省高速公路服务区运营服务。2019年3月30日起实施
5	DB34/T 3001—2019 房车旅游服务区基本要求	安徽	规定了房车旅游服务区的总体要求和旅游联动、功能区、信息服务、服务人员、卫生和环保、安全管理、综合管理等要求。适用于安徽省行政区域内的房车旅游服务区。2019年12月4日起实施
6	DB34/T 1853—2013 安徽省高速公路服务区建筑设计规范	安徽	适用于新建、扩建和改建的高速公路服务区的建筑设计。高速公路的停车区和公路服务区也可参照。2013年4月7日起实施
7	DB34/T 4098.1—2022 建筑固废再生作道路材料应用技术规程 第1部分：固废处理	安徽	规定了建筑固废再生作道路材料的一般规定、建筑固废再生利用流程、场地建设、建筑固废收集、运输与堆放、建筑固废加工、技术要求、固废再生料检验等。适用于各等级公路及城市道路的路基、路面工程。2022年4月29日起实施
8	DB34/T 4098—2022 建筑固废再生作道路材料应用技术规程 第2部分：路基工程	安徽	规定了建筑固废再生作道路材料在路基工程中应用的一般规定、材料要求、材料组成设计、施工工艺及施工质量验收等。适用于各等级公路及城市道路的地基处理、路基填筑、水泥混凝土小型构造物等路基工程。2022年4月29日起实施
9	DB34/T 4098—2022 建筑固废再生作道路材料应用技术规程 第3部分：路面基层	安徽	规定了建筑固废再生作路面基层及垫层的一般规定、原材料、混合料组成设计、施工及验收的相关技术要求。适用于各等级公路与城市道路的再生料级配碎石、再生料水泥稳定碎石及再生料石灰粉煤灰稳定碎石的路面基层工程。2022年4月29日起实施
10	DB34/T 4098—2022 建筑固废再生作道路材料应用技术规程 第4部分：路面面层	安徽	规定了建筑固废再生作道路材料在路面面层中的原材料、配合比设计、施工工艺及施工质量验收的相关技术要求。适用于二级及以下等级公路、次干路及以下城市道路的水泥混凝土和沥青混凝土路面工程。2022年4月29日起实施
11	DB23/T 2773—2020 公路路面彩色抗滑薄层施工技术规范	黑龙江	规定了公路路面撒砂式彩色抗滑薄层铺设的术语、基本规定、着色与适用环境、材料要求、薄层铺设形式、薄层施工与质量管理。适用于各等级公路新建、改护建及养护工程路面撒砂式彩色抗滑薄层铺设，城市道路可参照执行。2021年1月24日起实施

续表

序号	项目名称	地区	主要内容
12	DB45/T 2150—2020 高速公路服务区交通标志标线设置规程	广西	规定了高速公路服务区交通标志标线设置的术语和定义、总则及总体要求、警告类标志和标线、禁令类标志和标线、指路系统，服务区标志标线的综合应用和验收及使用。适用于广西境内高速公路服务区（停车区）征地范围内、服务区入口鼻端至出口鼻端（包括贯穿车道）的交通标志标线设置。自治区内其他等级公路服务区、停车区交通标志、标线设置可参照使用。2020年11月20日起实施
13	DB45/T 2052—2019 高速公路服务区设计规范	广西	规定了广西壮族自治区境内高速公路服务区的选址、功能要素、建设规模、场地总体设计、建筑设施、景观绿化、智能系统、安全应急、节能环保等设计要求；规定了服务区类型，分为I类~III类。适用于广西壮族自治区境内高速公路服务区新建或改（扩）建设计。2020年1月30日起实施
14	DB37/T 4381—2021 高速公路服务区设计规范	山东	确立了高速公路服务区的分类及功能配置、规划设计、实体设计、消防、节能、环境保护的规范性要求。适用于高速公路服务区（以下简称"服务区"）的建设和改造设计。2021年8月9日起实施
15	DB62/T 3149—2018 公路沥青路面热再生应用技术规程	甘肃	适用于各等级大中型养护工程中沥青路面的热再生技术应用。2018年11月1日起实施
16	DB62/T 4134—2020 高速公路服务区设计规范	甘肃	规定了高速公路服务区的类型划分、建设规模、功能组成、设计要求等。适用于甘肃省高速公路服务区新建及改、扩建项目，其他等级公路参照执行。2020年6月1日起实施
17	DB62/T 4125—2020 公路泡沫沥青冷再生技术应用规程	甘肃	规定了公路泡沫沥青冷再生技术的术语和定义、材料要求、结构组合设计、配合比设计、施工质量管理与控制、工程质量的检验评定与验收。用于泡沫沥青冷再生路面的设计、施工及质量检验。2020年6月1日起实施
18	DB36/T 698—2017 高速公路服务区设计规范	江西	规定了江西省高速公路服务区的类型划分、选址、建设规模、功能配置、设计要求等。适用于江西省新建、改建的高速公路服务区，扩建可参照。2018年3月1日起实施
19	DB13/T 2669—2018 高速公路服务区设计规范	河北	规定了高速公路服务区的设计总则、建设规模、选址和总平面、建筑、结构、设备、智能信息系统、消防、绿色建筑及节能、环境保护等技术标准。适用于高速公路新建和改扩建服务区，停车区和普通F线公路服务区可参照执行。2018年4月13日起实施
20	DB41/T 2247—2022 公路沥青路面就地热再生技术规范	河南	规定了公路沥青路面就地热再生的术语和定义、适用条件、原路面调查、材料、配合比设计、施工、质量管理与验收。适用于二级及二级以上公路沥青路面就地热再生的设计与施工。2022年7月5日起实施
21	DB14/T 2400—2022 公路乳化沥青冷再生混合料技术规程	山西	规定了公路乳化沥青冷再生混合料的材料、配合比设计、施工工艺、施工质量管理与检查验收等方面的要求。适用于各等级公路沥青路面的乳化沥青冷再生工程。2022年4月10日起实施
22	DB22/T 3244—2021 高速公路沥青路面厂拌热再生技术规范	吉林	规定了高速公路沥青路面面层及基层厂拌热再生技术中涉及的材料、混合料设计、施工、质量控制与验收。适用于高速公路沥青路面改扩建、养护工程。2021年6月15日起实施

（三）团体标准

序号	项目名称	主要内容
1	T/CECS G：K23-02—2021 公路路面基层应用废旧水泥混凝土再生集料技术规程	主要内容包括：总则、术语、基本规定、再生集料的生产、原材料要求、再生混合料组成设计、施工与质量控制及附。适用于各等级公路的新建、改建、扩建工程的水泥稳定类路面基层和底基层。2022年2月1日起实施
2	T/CECS G：D54-03—2021 彩色路面技术规程	主要内容包括：总则、术语、色彩设计、彩色水泥路面、彩色高分子聚合物路面、彩色沥青路面、验收、附录。基于通用的工程建设理论及原则编制，适用于本规程提出的应用条件。对于某些特定专项应用条件，使用本规程相关条文时，应对适用性及有效性进行验证。2021年6月1日起实施
3	T/CECS G：C10-03—2020 公路海绵设施技术规程	主要内容包括：总则、术语、基本规定、设计、施工、验收、运营维护及附录。适用于公路工程海绵设施的设计和施工。2021年5月1日起实施
4	T/CHTS 10038—2021 高速公路服务区地面彩色导向标识设置指南	以指导地面彩色导向标识在高速公路服务区的设置和应用为目的，分为技术要求、车行导向、人行导向和飞行器导向四个方面，指导服务区在场地入口、内部道路、停车位、加油（气）站、充（换）电站、维修区、客运接驳、物流转运、旅居车补给站、直升机停机坪等设置地面彩色导向标识。2021年10月31日起实施
5	T/CECS G：M52-02—2021 公路沥青路面 渗透性雾封层技术规程	主要内容包括：总则、术语和符号、基本规定、材料、施工、施工质量控制与验收以及附录。2022年5月1日起实施
6	T/CECS 973—2021 微生物自修复混凝土应用技术规程	主要内容包括：总则、术语和符号、微生物修复剂与其他原材料、配合比设计、混凝土性能、生产与运输、施工、质量检验与验收等。2022年5月1日起实施
7	T/CECS 876—2021 透水路面养护技术规程	适用于透水沥青路面、透水水泥混凝土路面、透水砖路面及缝隙透水路面的养护。2021年11月1日起实施